원소란 무엇인가

핵화학이 열어주는 세계

요시자와 야스까즈 지음
박택규 옮김

전파과학사

첫머리에

원소와 원자 이야기의 원천을 더듬으면 그리스 시대로 거슬러 올라간다. 그리스의 철학자 아리스토텔레스의 4원소설, 데모크리토스의 원자설은 잘 알려져 있다. 그 후 연금술 시대를 거쳐 18세기 말부터 200년 가까운 사이에 화학과 물리학은 크게 발전을 이룩하여 원소와 원자에 관한 우리의 지식은 비약적으로 증대하였다. 그 때문에 사상적으로는 그리스 시대에 기초를 두더라도 내용은 크게 변했다.

이 책에서는 먼저 애매한 뜻으로 쓰이기 때문에 알듯 말듯 한 원소의 뜻을 밝히려 한다. 이어 주기율표의 형성과 개정에 대해 시대를 좇아 해설함과 더불어 원자구조를 자세히 설명하고, 그에 의해 주기율을 설명하였다. 원자구조를 자세히 설명하려 하면 기호가 많이 나와 이해하기 어렵기 때문에 보통 그 결과만 표시되는데, 이 책에서는 이해하기 어려운 것을 설명하려 시도하였다. 원자구조와 주기율을 이해하는 데 조금이라도 도움이 된다면 더없이 기쁘겠다.

이어 핵물리학과 핵화학의 발전에 따른 원소의 발견, 특히 인공 원소, 초우라늄에 관해 얘기하였다. 그중에서도 1930년대의 테크네튬의 발견에서 넵투늄의 발견에 이르는 논문을 다시 읽고, 필자 나름의 흥미 있는 줄거리로 꾸며 보았다.

끝으로 초중원소, 안정핵에서 떨어져 나간 핵종, 에키조틱 아톰 등의 화제도 소개하였다.

필자는 고교 시절부터 화학이 어려웠는데 무슨 인연인지 10년

쯤 화학과에 자리를 두었다. 그동안 화학자의 얘기를 듣거나 토론하는 기회가 있어 조금은 화학 지식을 얻기도 하였고, 화학적으로 생각하는 방식을 배울 수 있었다. 그러나 화학자가 되지 못하고 물리학자가 되어버렸다.

화학자가 아닌 필자가 원소에 관해 책을 쓰는 것이 적합한지 스스로 의심스럽게 생각하였지만, 역사적으로 보아 키르히호프, 퀴리 부부, 세그레 등 물리학자로서 원소를 발견한 사람이 의외로 많으므로 아주 부적격하지 않다고도 생각하여 이 책을 썼다. 그 때문에 원소를 얘기하는 책으로서는 물리학적인 면이 강하게 드러났다.

최근 초우라늄 연구는 화학과 물리학에 있어 중요한 문제일 뿐만 아니라 실험기술상으로도 둘이 힘을 합쳐 나가야 하는 면이 많다. 그런 의미에서 바로 화학과 물리학의 경계 영역에 있는 학문이다.

최근 필자는 일본 사람이 발견한 원소가 하나도 없는 것을 서운하게 생각하게 되었다. 만일 그런 날이 앞으로 온다면 그 원소의 원소번호는 과연 몇 번일까 하고 꿈을 꾸면서 이 책을 마치는 바이다.

요시자와 야스까즈(吉澤康和)

주기 \ 족	A^{I}B	A^{II}B	A^{III}B	A^{IV}B	A^{V}B	A^{VI}B	A^{VII}B	VIII	0
1	$_1$H								$_2$He
2	$_3$Li	$_4$Be	$_5$B	$_6$C	$_7$N	$_8$O	$_9$F		$_{10}$Ne
3	$_{11}$Na	$_{12}$Mg	$_{13}$Al	$_{14}$Si	$_{15}$P	$_{16}$S	$_{17}$Cl		$_{18}$Ar
4	$_{19}$K $_{29}$Cu	$_{20}$Ca $_{30}$Zn	$_{21}$Sc $_{31}$Ga	$_{22}$Ti $_{32}$Ge	$_{23}$V $_{33}$As	$_{24}$Cr $_{34}$Se	$_{25}$Mn $_{35}$Br	$_{26}$Fe $_{27}$Co $_{28}$Ni	$_{36}$Kr
5	$_{37}$Rb $_{47}$Ag	$_{38}$Sr $_{48}$Cd	$_{39}$Y $_{49}$In	$_{40}$Zr $_{50}$Sn	$_{41}$Nb $_{51}$Sb	$_{42}$Mo $_{52}$Te	$_{43}$Tc $_{53}$I	$_{44}$Ru $_{45}$Rh $_{46}$Pd	$_{54}$Xe
6	$_{55}$Cs $_{79}$Au	$_{56}$Ba $_{80}$Hg	57-71 $_{81}$Tl	$_{72}$Hf $_{82}$Pb	$_{73}$Ta $_{83}$Bi	$_{74}$W $_{84}$Po	$_{75}$Re $_{85}$At	$_{76}$Os $_{77}$Ir $_{78}$Pt	$_{86}$Rn
7	$_{87}$Fr	$_{88}$Ra	89-103						

란탄니드	$_{57}$La	$_{58}$Ce	$_{59}$Pr	$_{60}$Nd	$_{61}$Pm	$_{62}$Sm	$_{63}$Eu	$_{64}$Gd	$_{65}$Tb	$_{66}$Dy	$_{67}$Ho	$_{68}$Er	$_{69}$Tm	$_{70}$Yb	$_{71}$Lu
악티니드	$_{89}$Ac	$_{90}$Th	$_{91}$Pa	$_{92}$U	$_{93}$Np	$_{94}$Pu	$_{95}$Am	$_{96}$Cm	$_{97}$Bk	$_{98}$Cf	$_{99}$Es	$_{100}$Fm	$_{101}$Md	$_{102}$No	$_{103}$Lr

단주기 주기율표

6

I A	II A	III A	IV A	V A	VI A	VII A	VIII	I B	II B	III B	IV B	V B	VI B	VII B	O
1H															2He
3Li	4Be									5B	6C	7N	8O	9F	10Ne
11Na	12Mg									13Al	14Si	15P	16S	17Cl	18Ar
19K	20Ca	21Sc	22Ti	23V	24Cr	25Mn	26Fe 27Co 28Ni	29Cu	30Zn	31Ga	32Ge	33As	34Se	35Br	36Kr
37Rb	38Sr	39Y	40Zr	41Nb	42Mo	43Tc	44Ru 45Rh 46Pd	47Ag	48Cd	49In	50Sn	51Sb	52Te	53I	54Xe
55Cs	56Ba	57-71	72Hf	73Ta	74W	75Re	76Os 77Ir 78Pt	79Au	80Hg	81Tl	82Pb	83Bi	84Po	85At	86Rn
87Fr	88Ra	89-103	104	105											

란타니드	57La	58Ce	59Pr	60Nd	61Pm	62Sm	63Eu	64Gd	65Tb	66Dy	67Ho	68Er	69Tm	70Yb	71Lu
악티니드	88Ac	90Th	91Pa	92U	93Np	94Pu	95Am	96Cm	97Bk	98Cf	99Es	100Fm	101Md	102No	103Lr

장주기 주기율표

차례

제1장
원소란 무엇인가?

1.1 원소는 몇 개 있는가?

20년 전에 학생에게서 「원소는 대체 몇 개 있습니까?」 하고 질문을 받은 일이 있었다. 그 학생은 「교과서에는 원소가 92개라고 했는데 선생님은 더 있다고 하시니 대체 어느 쪽이 맞습니까?」 하는 것이었다. 그때 내가 어떻게 대답했는지 기억이 없다. 현재 원소 수가 92개라고 단정한 책은 없지만 30~40년 전에는 원소는 92종이라고 생각한 사람이 많았다.

그럼 지금 이런 질문을 받으면 어떻게 대답하면 될까. 현재도 새로운 원소가 발견되고 있으므로 시간이 지남에 따라 그 수는 늘어나고 있지만, 지금 나는 「1975년까지 발견된 원소는 106종이다」라고 대답할 것이다.

다음에 「앞으로도 새로운 원소가 발견될까요? 원소는 대체 몇 개나 될까요?」라고 질문을 받으면, 글쎄 「110 정도일까, 120 정도일까, 그렇지 않으면 더 있을지도 모르겠네. 더 많다면 재미있겠는데……」 하는 애매한 대답을 할 수밖에 없을 것이다.

내게 질문한 학생은 그다지 깊은 뜻으로 물은 것은 아니었을 것이다. 그러나 원소가 앞으로 얼마나 더 발견될지는 지금도 화학과 물리학의 진지한 문제이다.

1.2 초우라늄 원소 발견 경쟁

예전에 신문 과학란에 「초우라늄 발견의 미소경쟁」이라는 기사가 실렸던 것을 기억하는 사람이 있을 것이다. 이것은 새로운 105번 원소 발견 기사였는데, 먼저 소련 과학자가 발견하였다고 보도되었다가 그 후 미국 과학자가 이전의 소련의 보고는 잘못되었으며 미국에서 새롭게 발견하였다고 주장하는 보도였다. 어느 쪽이 옳은가는 제3의 연구가 나오기까지 뭐라 말할 수 없겠지만, 새 원소 발견 경쟁이 얼마나 각박한가를 보여준 본보기이다.

다행인지 불행인지 우리는 현재 새 원소 발견 경쟁에서 벗어나 있으므로 비교적 객관적으로 판단할 수 있겠다. 우리가 보기에는 어느 쪽도 잘못된 것은 아니고, 같은 원소의 다른 동위원소를 발견한 것으로 생각된다(그림 11).

그럼 이 105라는 번호인데, 원소에는 모두 번호를 붙인다. 이러한 번호를 **원자번호**라고 한다. 수소가 1번, 헬륨이 2번, 우리가 잘 아는 산소가 8번, 그리고 원자력에 꼭 필요한 우라늄은 92번이다. 그 사이에 약간 예외가 있지만 대략 무거운(비중이 아니고 원자량) 순서로 탄생했다.

우라늄은 30여 년 전까지 제일 무거운 원소라고 생각되었다. 우라늄보다 무거운 원소는 그 후 인공적으로 만들어져 초우라늄 원소라고 불린다. 1940년경부터 **초우라늄 원소**의 연구가 시작되었고, 순차적으로 초우라늄 원소가 인공적으로 만들어져 드디어 106번 원소까지 탄생했다.

1.3 악명 높은 중금속

원소라 하면 먼저 생각나는 것이 **주기율표**(책 앞머리의 그림 참조)이다. 고등학교 화학 교실에는 거의 빠짐없이 주기율표가 붙어 있다. 거기에는 많은 기호가 늘어섰는데, 이것은 화학에서 없어서는 안 되는 원소기호로서 각각의 원소는 하나 또는 두 개의 알파벳으로 표시된다.

주기율표를 좌에서 우로 보면 처음에는 눈에 익은 원소가 많다. 물의 성분인 수소(H), 유기물을 구성하는 탄소(C), 공기의 주성분인 질소(N), 우리의 호흡과 연소에 필요한 산소(O) 등이 있다. 좀 더 앞으로 가면 철(Fe), 구리(Cu) 등 금속이 있다. 그 근방까지의 원소는 어떤 형태로든 우리가 접촉하는 기회가 많다. 더 앞으로 나가면 낯선 이름의 금속이 많아진다. 그러나 그중에 는 은(Ag), 백금(Pt), 금(Au) 등 예전부터 인류와 친근한 귀금속 도 포함된다.

최근 공해 문제로 유명해진 카드뮴(Cd)은 48번 원소이다. 금 속 카드뮴은 연하여 판으로 만들기 쉽고, 도금에 흔히 사용된다. 이런 중금속은 인체에 유해하여 사람들이 무서워하는 것은 우리 가 잘 아는 바이다. 그다음에는 세슘(Cs)이 있다. 세슘의 방사성 동위원소(2장-6 참조) 세슘 137은 방사성 동위원소 가운데도 특 히 유해하다. 원자폭탄 실험으로 생기는 방사성 물질 중에는 세 슘 137이 포함되고, 원자폭탄 실험 때마다 지구상의 세슘 137 의 양이 증가하므로 그 영향이 걱정된다.

이렇게 원소에는 인류에게 꼭 필요한 것도 있는가 하면 해로 운 것도 있어 각 원소의 성질은 아주 흥미롭다.

1.4 주기율표를 보는 법

다시 주기율표를 보자. 고등학교 화학 선생님은 다음과 같이 주기율표에 대해 얘기할 것이다.

「주기율표를 세로로 보면 화학적 성질이 비슷한 것들이 배열되었 다. 특히 **원자가**가 같은 것이 세로로 배열되었다.」

학생들은 몇 가지 예를 보고 그럴듯하게 생각할 것이다. 선생 님은 이어

「**원자량**이 제일 작은 수소부터 순차적으로 배열되었다. 그러나 몇 가지 예외가 있다. 아르곤(Ar)과 칼륨(K), 코발트(Co)와 니켈(Ni), 텔루르(Te)와 아이오딘(I)은 원자량이 작은 것이 나중에 와 있고, 큰 것이 앞서 있다. 이렇게 순서가 뒤바뀌어야 비로소 세로의 화학적 성질이 들어맞는다」

라고 한다. 학생은 정말 조금 예외는 있지만 가로세로가 잘 배열되었다고 생각한다.

선생은 다시

「가로는 원자량순이 아니고 실은 원자번호순으로 배열시켰다」

고 설명한다. 여기까지 듣고 많은 학생들은 모두 의아해할 것이다. 주기율표는 원자량순으로 원소를 가로로 배열하고, 화학적 성질이 비슷한 것이 세로로 배열되도록 어떤 원소는 뒤바꿔 만들었으며, 수소에서 시작하여 순차적으로 번호를 붙인 것이 원자번호가 아닌가. 원자번호순으로 배열시켰다고 한다면 얘기가 뒤바뀌지 않는가? 얘기가 좀 이상하지 않은가 하고 학생들은 고개를 갸우뚱한다.

물론 역사적으로는 학생들의 이런 의문이 옳다. 그러나 선생님 설명도 틀리지 않았다. 다시 말해 원자번호에 대한 설명이 불충분하기 때문이다. 원자번호의 뜻을 이해하기 위해서는 원자핵까지 얘기해야 한다. 원자번호란 원자핵이 가진 양전하의 크기를 나타낸다. 이에 대해서는 다음 장에서 자세하게 설명하겠지만, 양전하의 크기는 원자핵 속의 양성자수를 뜻한다. 앞에서 한 선생님 얘기는 「주기율표는 원자량순으로 가로로 배열한 것이 아니고, 원자핵이 가진 전하의 크기순으로 배열되었다」는 뜻이

〈그림 1〉 주기율표의 원소배열법은?

다. 아무래도 이 원자번호라는 이름이 좀 애매하기 때문이며 '전하 수'라고 했어야 했다.

1.5 원소를 다시 생각한다

지금까지 원소라는 말을 아무 설명 없이 함부로 써왔다. 원소란 뜻인가? 원소와 원자는 어떻게 다를까?

20년도 더 된 오래된 화학 책이나 백과사전에는

「물질을 물리학적으로, 또는 화학적으로 분리해가면 이 이상 분리할 수 없는 것에 도달한다. 이것이 원소이다」

라고 한 설명을 보게 된다. 이 원소의 개념은 17세기에 나온 보일의 생각에서 시작되었다. 전세기에서 금세기 초까지 사람들은 원소를 이렇게 생각하였다.

물질을 분할해가면 분자를 거쳐 원자에 도달한다. 앞의 백과사전에 실린 설명문 속의 분리를 분할로 바꾸고, 원소를 원자로 바꾸는 편이 이해하기 쉽다. 그러나 우리의 개념 속에 있는 원소는 원자가 아니다.

화학에서는 혼합물이 아닌 순수한 물질을 단체와 화합물로 나눠, 하나의 원소로 된 물질은 **단체**라고 부르며, 2종 이상의 원소로 된 순수한 물질을 **화합물**(化合物)이라 부른다. 예전에는 순수한 물질을 원소와 화합물로 나눴고, 원소의 발견은 새로운 단체의 발견을 의미하였다. 그러나 현재 우리는 원소라는 낱말을 단체라는 뜻으로 쓰지 않는다. 예를 들면 「2개의 원소가 결합하여 화합물을 만든다」든가, 「물은 수소와 산소의 두 원소로 만들어졌다」고 표현한다. 때로는 추상적으로 수소란 것, 산소란 것이라는 정도로 쓴다. 또 원소라고 했을 때 막연히 주기율표의 한 칸 한 칸이나, 원소기호를 생각하는 일이 많다. 생각하면 생각할수록 원소라는 낱말의 사용법은 애매하다.

더욱이 현재는 원자를 분할하는 것도 그다지 어려운 일이 아니다. 원자로부터 전자 몇 개를 떼어내는 일은 쉽고, 우라늄 원자를 2개의 원자로 분할할 수도 있다. 또 1개의 원소로 만들어진 단체도 동위원소 분리기라 불리는 장치로 질량이 다른 몇 종류의 물질로 분리할 수 있게 되었다. 현재 원자는 분할할 수 없는 것도 아니고, 단체는 더 이상 분리될 수 없는 것도 아니다.

19세기에 원자는 가설이었다. 원자를 가정하면 갖가지 일이 잘 설명된다는 데 지나지 않았다. 그러나 현재로는 원자는 틀림없는 실재이다.

최근의 과학에서는 엄밀성이 중요하여 애매한 원소 개념만으로는 끝장이 나지 않는다. 원자에 대해 많은 지식을 갖고 있는 현재, 다시 한 번 「원소란 무엇인가」를 생각해 보는 것도 뜻있는 일이겠다. 원소보다 먼저 「원자」 이야기부터 시작해야겠다.

제2장
원자와 원소

〈표 1〉 전자, 양성자, 중성자의 성질

	질량비	전하
전자	1	(−)
양성자	1836	(+)
중성자	1839	0

2.1 물질을 구성하는 것

늘 우리 눈에 띄는 물체에는 기체도 있고 액체도 있고 고체도 있고, 또 생물체도 있고 금속도 있어 잡다하다. 알다시피 이 물체를 여러 가지 방법으로 분리하여 순수한 물질을 만들 수 있다. 순수한 물질이란 물, 식염, 알루미늄 등 한 종류의 분자로 구성된 것이다. 그러나 천연으로 존재하는 것은 대개 몇 종류의 분자가 섞인 혼합물이다.

분자는 몇 개의 원자로 구성되었다. 원자의 종류는 분자만큼 많지 않지만 원자의 조합으로 많은 종류의 분자가 만들어진다. 그리고 이 원자는 겨우 세 종류의 입자로 구성되었고, 그 입자 수로 원자 종류가 결정된다. 이 책에서는 보통 이야기와는 반대로 이 3종의 입자에서 출발하여 원자, 분자, 원소, 주기율표 이야기를 전개해 가겠다.

물질은 궁극적으로는 입자로 구성된다. 이 입자를 **소립자**(素粒子)라고 한다. 이 책의 마지막 장에서 얘기할 '에키조틱 아톰'처럼 실험실에서 만들어져 순간적인 수명을 가진 것은 제쳐 놓고 우리가 일상에서 보는 물질을 구성하는 소립자는 **전자, 양성자, 중성자**의 세 가지이다.

이 세 소립자는 다음과 같은 특징을 가졌다. 전자는 음전하(마

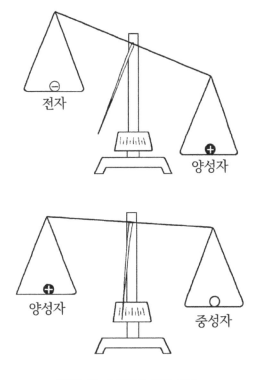

〈그림 2〉 소립자의 무게 비교

이너스)를 가지며, 양성자는 양전하(플러스)를 갖고, 중성자는 그 이름이 나타내는 것처럼 전기적으로 중성이다. 전자와 양성자의 전하는 부호가 반대이고 크기가 같다. 양성자와 중성자의 질량은 거의 같고 전자의 약 1,800배다.

　앞에서 얘기한 것 같이 이 소립자가 몇 개 모여 원자를 구성하고, 각 입자 수로 원자의 성질이 결정된다. 우주에는 무한이라 할 수 있는 수의 소립자가 있다. 그러나 같은 종류의 소립자는 아주 똑같아 구별되지 않는다. 예를 들면 지금 우리 주변에 있는 전자도, 태양 속에 있는 전자도 똑같은 성질을 가졌기 때문에 차이도 없고 구별할 수도 없다는 것이다.

이 소립자에 대해 좀 더 신원조사를 해 보자.

2.2 친근한 소립자—전자

전자는 인류가 제일 처음에 발견한 소립자이다. 음전하를 갖고 질량도 작아 광자 같은 질량이 0인 입자를 제외하면 제일 가벼운 소립자이다.

전세기 말에 전자는 톰슨에 의해 발견되었다. 그즈음 진공기술이 발달되고 진공 중의 두 전극 간에서 일으킨 방전에 관한 연구가 진행되어 음극으로부터 무언가 방사되는 게 있음이 알려져 음극선이라 이름이 붙여졌다. 톰슨은 음극선이 자기장으로 휘어지는 것을 알고 그 전하와 질량비를 결정하였다. 톰슨은 이것이 전극 종류와 방전관 속에 극히 적게 존재하는 잔류 기체의 성질에 좌우되지 않은 것과 도약거리가 긴 것을 알아내고 이 입자는 모든 물질에 공통된 구성입자로서 분자보다 작다고 추정하였다. 이것이 전자이다.

전자의 전하는 전하의 최소단위여서 이보다 작은 전하는 없다. 그러나 그 전하 때문에 전자 간에는 쿨롱의 반발력이 작용한다. 즉 같은 마이너스 부호를 가진 전자는 서로 반발한다. 전자는 우리에게 제일 친근한 소립자로서 전류는 전자의 흐름이며 방전관, 진공관 속에서는 전자가 주역을 담당한다. 번개가 일으키는 방전도 구름에 축적된 전자가 전자 부족 때문에 양전하로 하전된 구름과 지상 사이에 흐르는 현상이다. 작은 전자도 많이 모이면 벼락같은 무서운 일을 일으킨다.

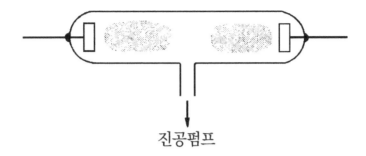

진공펌프

〈그림 3〉 전자를 발견하는 실마리가 된 방전관

　현재 우리 사회는 새삼스럽게 말할 필요도 없이 전기 없이는 살 수 없는 사회이다. 이 전기의 원천이 전자라는 것을 생각하면 전자의 역할이 얼마나 중요한지 이해할 것이다.

2.3 양성자와 중성자

　양성자는 수소의 양이온이다. 바꿔 말하면 수소 원자에서 전자를 떼어낸 수소 원자핵이라 말해도 된다. 양성자는 양전하를 가졌기 때문에 음전하를 가진 전자와는 쿨롱의 힘으로 서로 끈다. 양성자는 전자와 비교하면 전하의 부호가 반대이고 질량이 클 뿐만 아니라 양성자끼리는 쿨롱의 인력으로 반발하는데, 매우 가까운 거리에서는 쿨롱의 인력에 이겨 강한 인력으로 서로 끈다. 이것은 전자 사이에서는 일어나지 않는 특징이다.

　중성자는 양성자와 질량이 거의 같다고 얘기했는데, 정확하게는 양성자보다 약 700분의 1 정도 무겁다. 전기적으로 중성이므로 전자나 양성자로부터 전기적으로 힘을 받는 일이 없고 물질 사이를 잘 투과한다. 중성자는 지금까지 얘기한 세 가지 소립자 가운데에서는 제일 새로운 것으로, 1932년 영국의 물리학자 채

〈그림 4〉 번개도 전자가 흐르는 현상

드윅에 의해 발견되었다.

중성자는 양성자나 다른 중성자와 근접했을 때 강한 인력을 받는다. 이 힘은 양성자끼리 근접했을 때 작용되는 '인력'과 거의 같다. 이 강한 인력에 의해 중성자와 양성자는 강하게 결합되어 원자핵을 구성한다. 이 힘을 **핵력**이라 한다. 쿨롱힘과 중력은 거리에 반비례하여 작아지는데, 핵력은 거리와 비례하여 갑작스럽게 약해진다. 핵력은 10^{-13}cm 정도에서는 대단히 강한데 10^{-12}cm 부근에서는 거의 무시할 정도가 된다.

〈그림 5〉 쿨롱의 힘과 핵력

중성자의 또 다른 특징은 자연으로 붕괴(〈그림 70〉 참조)하여 양성자와 전자, 중성미자로 나눠진다는 것이다. 중성자는 원자핵에서 튀어나오면 불안정해져 약 12분의 반감기(〈그림 71〉 참조)가 지나면 붕괴한다.

2.4 원자의 구성

강한 핵력에 의해 양성자와 중성자가 모여 원자의 중심에 핵을 만든다. 이 핵이 원자핵이다. 전자는 약한 쿨롱힘에만 작용하므로 원자핵으로부터 떨어져 나와 그 주위를 회전한다. 이것이 원자의 기본적인 모습이다.

전자와 양성자가 1개씩이면 가장 기본적인 수소 원자를 만든다. 양성자 1개가 수소의 원자핵이다. 전자, 양성자, 중성자가 1개씩이면 중수소 원자를 만든다. 이들 입자 수가 늘면 갖가지

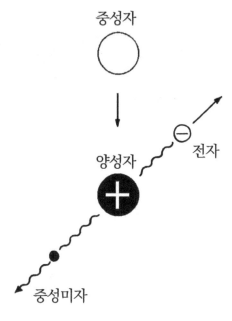

〈그림 6〉 중성자의 붕괴

원자가 만들어진다. 무거운 우라늄 원자핵은 92개의 양성자와 146개의 중성자로 되어 있고 그 주위를 도는 92개의 전자로 우라늄 원자가 구성된다. 원자핵 내의 양성자수가 **원자번호**이며, 중성자수와 양성자수의 합을 **질량수**라 한다.

전기적으로 중성인 원자에서는 전자 수와 원자핵 내의 양성자 수는 같다. 전자 수가 양성자수보다 많을 때 원자는 전기적으로 마이너스가 되어 **음이온**이라 불리고, 전자 수가 적을 때는 플러스가 되어 **양이온**이라 불린다.

원자 속에서 전자는 마치 태양계에서의 행성처럼 회전운동을 한다. 원자핵이 태양 구실을 하며, 중력 대신 쿨롱힘에 의하여 서로 끌린다.

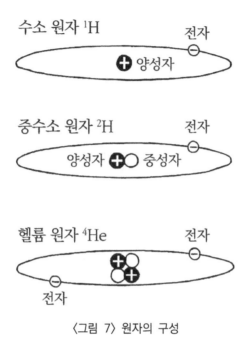

수소 원자 ¹H

전자

⊕ 양성자

중수소 원자 ²H

전자

양성자 ⊕○ 중성자

헬륨 원자 ⁴He

전자

전자

〈그림 7〉 원자의 구성

 이 전자들은 타원 궤도에 따라 운동한다. 원자에는 정해진 몇 개의 타원 궤도가 있고, 원자번호가 커짐에 따라 안쪽 궤도로부터 순차적으로 2개씩 전자가 채워진다.
 전자 궤도를 정확하게 설명하는 데는 지금 얘기한 태양계 같은 고전역학으로는 불충분하고 양자역학적으로 비로소 설명된다. 양자역학적으로 보면 전자는 궤도상의 점이 아니고 원자핵 주위에 구름처럼 퍼져 있다. 원자의 화학적 성질에 대해서도 양자역학적 설명에 맡겨야 한다. 이에 대해서는 제5장에서 자세히 설명하겠다.

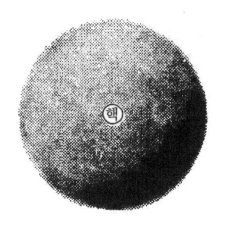

〈그림 8〉 양자역학적으로 본 원자

2.5 속이 텅 빈 원자

원자는 대체 어느 정도 큰가? 어린이들의 수수께끼에 「잘라도 잘라도 자를 수 없는 것은?」이라는 것이 있다. 답은 말할 것도 없이 물이다. 해안에 서서 한없는 바다를 바라보았을 때 우리 앞에 있는 것은 연속으로 어디까지나 계속되는 바닷물이며, 이것이 입자인 물 분자의 모임이라고는 도저히 상상하기 어렵다. 이렇게 우리 일상생활에서는 물질이 연속적으로 입자성을 나타내는 일은 없다.

컵 속에 든 물을 두 컵으로 나누고, 그중 하나를 둘로 나누는 조작을 되풀이하여 적어진 물이 증발하지 않도록 현미경으로 보면서 나눴다 해도 물은 어디까지나 연속된 물이다. 원자는 현미경으로 볼 수 있는 크기(10^{-4}㎜)보다 훨씬 작고 광학현미경보다 배율이 높은 전자현미경으로도 볼 수 없다.

원자의 크기는 여러 가지 연구로부터 3Å 정도라고 생각된다.

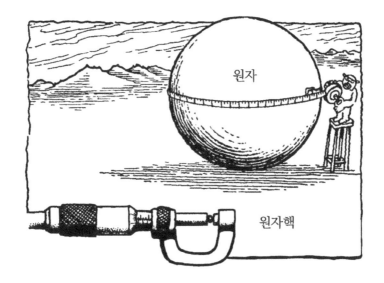

〈그림 9〉 원자핵의 지름을 0.1㎜라 하면 원자는 지름 10m가 된다

Å(옹스트롬)은 1,000만 분의 1㎜이다.(1Å=10^{-7}㎜=10^{-8}㎝).

원자핵은 원자보다 훨씬 작고, 원자의 약 10만 분의 1(10^{-13} ~10^{-12}㎝)이다. 이 작은 원자핵에 원자의 거의 대부분의 질량이 집중된다. 이 원자핵 주위에 몇 개인가 전자가 회전하는 것이 원자이므로, 원자는 속이 텅 비었을 것이다. 그러나 이 원자 속에 다른 원자는 쉽게 들어갈 수 없다. 이것은 중성인 원자도 일정 거리 이상 접근하면 원자 내의 전하(주로 전자의) 때문에 쿨롱힘에 의해 반발되기 때문이다.

2.6 핵종이라는 새로운 이름

원자의 화학적 성질도 질량도 중심에 있는 원자핵에 의해 결정된다. 앞에서 얘기한 것과 같이 원자핵은 원자번호와 질량수로

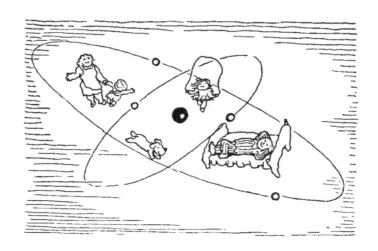

〈그림 10〉 원자는 속이 텅 비었다

구별된다(2장-4 참조). 그러므로 원자도 마찬가지로 원자번호(원소기호)와 질량수로 분류된다.

이리하여 원자번호와 질량수에 의해 결정된 원자 종류를 핵종이라 한다. 핵종은 원자핵의 종류라고 이해하기 쉽지만 '원자핵으로 분류된 원자의 종류'라고 이해해야 한다.

핵종이라는 말이 낯선 독자도 있겠으나 핵종이라는 말은 비교적 새로운 낱말로 동위원소 대신 쓰이기도 한다. 핵실험에 의한 죽음의 재가 문제 되었을 때 「방사성 강화물 속에서 다음 핵종이 발견되었다……」는 보도를 들은 사람도 있을 것이다.

핵종은 원소기호의 왼쪽 위의 질량수를 상부 문자로서 ^1H, ^2H, ^{238}U같이 기호로 나타낸다. 원자번호는 왼쪽 아래에 ^1_1H, ^2_1H, $^{238}_{92}U$ 같이 나타낼 때도 있다. 이것은 동위원소를 나타내는 기호와 꼭 같다.

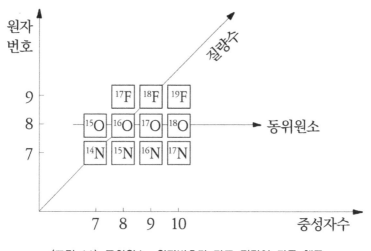

〈그림 11〉 동위원소—원자번호가 같고 질량이 다른 핵종

그럼 핵종이라는 낱말보다 오래전부터 쓰인 동위원소와 핵종은 어떻게 다른가.

동위원소란 원래 주기율표의 같은 위치(칸)에 들어간다는 뜻으로 원자번호가 같고, 잘량수가 다른 핵종을 말한다. 즉 화학적으로는 같은 성질을 갖고, 무게(질량)가 다른 것을 말한다. 예를 들면 ^{16}O, ^{17}O, ^{18}O은 동위원소이며, 이것을 산소의 동위원소라고 한다.

이 동위원소를 처음으로 발견한 것도 전자를 발견한 톰슨이다. 진공 중에서 빔상의 네온이온을 발생시켜 거기에 전기장과 자기장을 작용시켰더니 네온 빔이 둘로 나눠졌다. 이리하여 톰슨은 네온에 질량수 20과 22가 되는 두 가지 질량을 가진 원자가 있다는 것을 발견하였다. 에너지와 전하가 같고 질량이 다른 이온은 다른 궤도를 취한다는 것이 톰슨의 실험 원리였다.

〈표 2〉 원소, 핵종, 동위원소의 구별

	원자번호	질량수
원소	구별한다	구별하지 않는다
핵종	구별한다	구별한다
동위원소	같은 것	구별한다

2.7 원소란?

그럼 우리는 이제 원소란 낱말의 뜻을 정의하는 데까지 왔다. 정의라고 하면 딱딱한 느낌도 나지만, 애매하게 사용되었던 원소란 뜻을 여기에서 확실하게 해놓자는 것이다.

먼저 원자번호와 질량수로 분류한 원자의 종류를 **핵종**이라 불렀다. 이번에는 질량수는 무시하고 원자번호만으로 원자를 분류해 보자. 그렇게 하면 화학적 성질로 원자를 분류하게 되고, 질량수가 달라도 같은 화학적 성질을 가진 원자가 모두 포함되게 된다. 이렇게 분류한 원자의 종류를 **원소**라고 부르기로 하자. 원소에는 원자번호가 같은 핵종도 모두 포함된다. 원소를 이렇게 생각하면 앞에서 얘기한 핵종과 동위원소와 마찬가지로 원자의 종류를 가리키게 되어 편리하지만, 일반적으로 사용되는 원소의 뜻과 조금 달라진다. 그래서 뜻을 확장하여 '원자번호가 같은 수많은 원자'도 원소라고 부르기로 하자. 이 원자들은 어떤 형태로 물질 속에 포함되든 상관없다. 다른 종류의 원자들과 화합하거나 혼합되어도 상관없다.

즉 원소란 원자번호로 구별한 원자의 종류이며, 또 원자번호가 같은 수많은 원자를 통틀어 원소라 부른다. 이렇게 원소를 해설하면 그 뜻이 상당히 뚜렷해지며, 또 일반적으로 사용되는 뜻과 그다지 다르지 않다는 것을 알게 된다. 이 원소의 뜻에 대응하여 핵종과 동위원소의 뜻도 앞에서 얘기한 것을 확장하여 원자 종류를 가리키는 것 외에도 같은 원자번호와 질량수를 갖는 수많은 원자를 가리킨다고 해야 한다.

앞 장에서 얘기한 것과 같이 17세기에 보일에 의해 제창된 이래 「원소란 물질을 분리하여 그 이상 분리할 수 없는 것」이라는 개념이 지배적이어서 우리는 그렇게 배웠다. 그러나 17세기에 생각할 수 없었던 원자가 19세기에는 가설이 되었다가 20세기에는 실제가 되었다. 현재는 원자를 출발점이라 생각하는 편이 보다 합리적이다.

물질을 분할해 가면 분자에, 그리고 원자에 도달한다. 더 분할하면 소립자에 이른다. 현재 우리는 원자가 소립자로 구성된 것을 알며, 원자를 파괴하는 방법도 알고 있다. 보일이 말한 '원소는 분리될 수 있는 궁극적인 것'이라는 뜻을 현재의 시점에서 철저히 따지면 원소는 다름 아닌 현재의 전자, 양성자, 중성자, 즉 소립자라고도 할 수 있다.

그러나 물질의 궁극적 구성요소는 소립자인데, 원자핵은 외부의 영향을 받기 어려운 안정된 것이며, 그 주위를 둘러싸는 전자를 포함한 원자를 물질을 구성하는 요소라고 생각하는 것이 합리적일 것이다. 그러므로 원자의 종류, 또는 같은 종의 많은 원자를 '원소'라 불러도 될 것이다.

보일의 표현이 적당치 않게 되고, 원소라는 낱말의 사용법이 혼란되었다 하여 미국의 폴링은 「원소란 같은 원자번호를 가진 원자로 된 것(의 종류)」이라고 그 뜻을 규정하였다. 그러나 폴링의 말은 뜻이 애매하고 동위원소, 핵종의 의의가 불명확하며 원소와의 교량 구실을 못할 염려가 있다. 필자는 폴링의 생각을 일보 진전시켜 핵종, 동위원소, 원소의 의의를 시도해 보았다.

제3장

분자와 결정

3.1 분자의 종류는 무한!

원자가 낱개로 하나만 존재하는 일도 있지만, 같은 원자가 둘 또는 다른 원자 몇 개와 결합되어 분자가 된 경우가 많다. 예를 들면 아르곤 원자는 하나씩 따로따로 공기 중을 날아다니며, 아르곤은 1원자로 1분자를 구성한다고 한다. 그러나 공기 중의 질소나 산소는 2개의 원자가 결합되었고, 수소도 마찬가지로 2개의 원자로 1분자를 구성한다.

물 분자는 2개의 수소 원자와 1개의 산소 원자로 구성된다. 원소의 조합으로 만들어진 분자의 종류는 대단히 많고 무한한 가능성을 갖는다. 특히 탄소 원자를 중심으로 만들어진 유기 분자는 많은 조합이 가능하며, 수천 또는 수만 원자가 결합하여 거대한 분자가 만들어 진다.

원자를 구름 모양의 구로 나타내면 분자는 원자의 일부분이 겹친 갖가지 형태로 나타낼 수 있다. 수소 분자나 산소 분자 등 2원자 분자는 누에고치 같은 모양이며, 물 분자는 큰 혹이 둘 있는 구로 나타낼 수 있다.

한편 결정에서는 원자가 정연하게 격자 모양으로 배열된다. 식염 결정에서는 나트륨 원자와 염소 원자가 교대로 격자 모양으로 배열되고 기체나 액체 분자와는 다른 모양을 갖는다. 한 종류의 원소로 만들어진 금속 결정은 1원자 분자라고 생각해도 된다. 그러나 일반적으로 원자와 이웃 원자 사이에는 분자를 만들 때와 같은 강한 힘이 작용한다. 이러한 원자와 원자 간에 작용하고, 분자 또는 결정을 만드는 결합력은 어떤 힘인가?

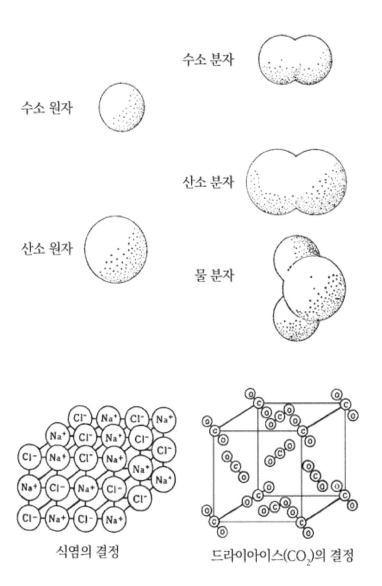

수소 분자

수소 원자

산소 분자

산소 원자

물 분자

식염의 결정

드라이아이스(CO_2)의 결정

〈그림 12〉 분자와 결정

3.2 공유결합이라는 결합력

원자와 원자의 결합 방식은 여러 가지인데, 먼저 제일 간단한 수소 원자를 보자.

수소 분자 내부까지 파고들어 모형으로 알아보면 〈그림 13〉처럼 떨어진 2개의 양성자 주위를 전자 2개가 운동한다. 양성자는 양전하를 갖고 서로 반발하여 접근할 수 없다. 그러나 전자와는 인력으로 끌어당긴다. 전자끼리는 반발력으로 반발하지만 2개의 양성자 사이의 적당한 곳에 전자가 있으면 양성자와 전자의 인력이 양성자끼리, 전자끼리의 반발력보다 강해져 결합할 수 있게 된다. 이것은 2개의 양성자가 전자를 공유함으로써 결합되므로 **공유결합**(共有結合)이라 불린다.

가장 간단한 유기 분자인 메탄(CH_4)은 4개의 수소 원자와 1개의 탄소 원자가 결합되었는데, 이때도 전자를 공유함으로써 결합된다.

3.3 이온결합과 금속결합

앞에서 얘기한 수소 분자 같은 공유결합 외에 양과 음이온이 서로 끌어당겨 결합되는 원자도 있다.

나트륨 원자는 1개의 전자를 잃고 양이온이 되기 쉽다. 중성 원자에서 전자를 1개 잃고 생긴 이온을 1가의 양이온이라 한다. 한편 염소 원자는 전자를 1개 얻어 음이온이 된다. 이것이 1가 음이온이다. 나트륨의 1가 양이온과 염소의 1가 음이온은 모두 안정하고, 음과 양의 전하가 서로 끌어당겨 결합된다. 나트륨의 양이온 주위에는 상하, 좌우, 전후에 6개의 염소 이온이 배열되고, 그 앞에 다시 나트륨의 양이온이 배열된다. 이리하여 바둑판

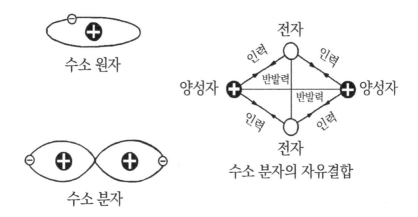

수소 원자

양성자 전자 인력 인력 양성자 반발력 반발력 인력 인력 전자

수소 분자

수소 분자의 자유결합

〈그림 13〉 수소 분자의 공유결합

눈금같이 입체적으로 나트륨과 염소이온이 배열된 것이 식염 결정이다(그림 12).

식염 결정 같은 결합을 **이온결합**이라 부른다. 염류의 대부분은 이온결합으로 결정을 만든다. 이런 결정을 물에 넣으면 양이온과 음이온은 분리되어 잘 녹는다. 이 용액 속에 양전극과 음전극을 넣으면 양극에 음이온이 모이고, 음극에 양이온이 모인다. 즉 전기분해된다.

같은 결정이라도 금속 원자로 만들어진 결정은 이온결합도 아니고 공유결합도 아닌 다른 결합법으로 결합된다. 순수한 금속 결정은 한 원소로 구성되며, 그 원자의 가장 바깥 궤도의 전자가 원자로부터 떨어져, 모든 원자가 이 전자를 공유한다. 이것을 금속결합이라 부른다. 공유결합과 달리 이 전자는 결정 내를 자유롭게 운동할 수 있고, 금속 결정에 전압을 걸면 이 전자는 이동한다. 그러기 때문에 금속 내에 전류가 생긴다.

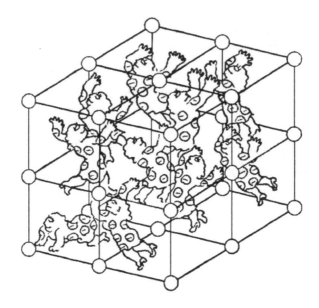

〈그림 14〉 전자를 공유하는 금속결합

여기서는 원자의 결합 방식의 전형적인 세 종류에 대해 얘기
했다. 실제로는 이 중간적인 것도 존재하는데, 이것이 원자의 대
표적인 결합 모습이다. 그럼 이러한 결합에 의해 원자는 몇 개
의 원자와 결합될 수 있을까?

3.4 원자의 결합―원자가

원자가 결합하여 분자 또는 결정을 만드는 것을 **화합**(化合)이
라 한다. 원자는 임의의 수의 다른 원자와 화합하는 것이 아니고
일정한 질서에 따라 화합한다.

제일 간단한 수소 원자를 바탕으로 갖가지 원자의 화합 방식
을 알아보면 원자의 화합 방식이 밝혀진다. 수소 원자는 반드시

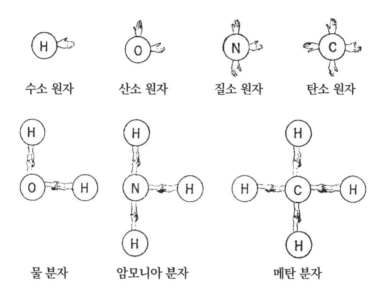

<그림 15> 원자가

원자 1개와 결합한다. 물 분자(H_2O)처럼 수소 원자 2개와 산소 원자 1개가 화합하는 일은 있어도 수소 원자 1개가 다른 원자 2개와 결합하는 일은 없다.

산소 원자는 물 분자에서도 알 수 있는 것 같이 수소 원자 2개와 화합한다. 질소 원자는 수소 원자 3개와 화합하여 암모니아(NH_3)를 만든다. 탄소 원자는 수소 원자 4개와 화합하여 메탄(CH_4)을 만든다.

여기에 '원자가'의 개념을 도입하면 어떤 원자가 화합해야 할 상대 원자 수를 나타낼 수 있다. 원자가의 개념은 잘 알려졌으므로 여기서 자세히 얘기할 필요는 없겠지만, 주기율표에서 중요한 뜻이 있으므로 얘기해 보겠다.

44

에틸렌 분자

아세틸렌 분자

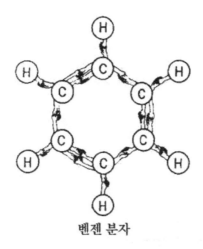

벤젠 분자

〈그림 16〉 간단한 유기 분자의 결합 방식

수소 원자의 원자가를 1가라 하고, 산소 원자를 2가, 질소 원자를 3가, 탄소 원자를 4가라 하면 앞에서 얘기한 화합이 설명된다. 원자가를 손에 비유하면 손의 수효만큼 수소 원자와 손잡을 수 있다.

그 밖의 경우도 마찬가지로 생각할 수 있다. 예를 들면 염소 원자는 수소 원자 1개와 화합하고 염화수소 분자(HCl)를 만들기 때문에 염소 원자는 원자가가 1가라 생각된다. 식염 결정에서는 같은 수의 나트륨과 염소가 규칙적으로 배열되므로 나트륨 원자가도 염소와 같은 1가이다.

먼저 메탄 분자로부터 탄소 원자가를 추정하였는데, 다른 간단한 유기 분자는 그렇게 단순하지 않다. 예를 들면 에틸렌(C_2H_4)은 탄소 원자 2개와 수소 원자 4개로 만들어진다. 탄소끼리 2개의 손을 내밀어 잡고, 나머지 두 손에 1개씩 수소 원자가 결합되었다고 생각해야 한다. 아세틸렌(C_2H_2)은 탄소 원자 2개와 수소 원자 2개로 되어 있고, 탄소끼리는 3개의 손으로 결합하여 나머지 한 손에 수소 원자가 결합된다.

벤젠 분자(C_6H_6)는 탄소 원자 6개가 육각형으로 배열되고 양옆의 탄소 원자와는 1개와 2개의 손으로 결합되고, 나머지 한 손에 각각 수소 원자가 1개씩 결합된다. 이리하여 유명한 벤젠핵을 만든다. 이렇게 간단한 유기 분자를 보아도 여러 가지 방식으로 결합되는데 탄소 원자가는 4가, 수소는 1가로 하면 설명된다.

원자가의 개념은 원자가 화합하는 성질을 나타내는 중요한 개념이다. 원자가 갖는 뜻은 뒷장에서 얘기하는 것과 같이 원자구조를 해명함으로써 비로소 밝혀진 것이다(5장-11 후반부 참조).

3.5 화학반응이란?

수소 기체는 공기 중에 새면 불이 붙고 폭발한다. 수소 기체가 타기 쉬운 것은 수소 분자가 산소 분자와 반응하여 물 분자

46

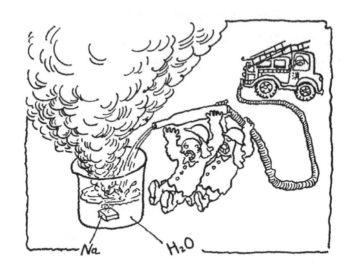

〈그림 17〉 물을 부으면 불붙는 것도 있다

가 되기 쉽기 때문이다. 반대로 물 분자를 전기분해하여 수소
분자와 산소 분자를 만들 수 있는데, 온도를 다소 올린다고 해
서 물 분자를 분해하여 수소 분자와 산소 분자로 만들 수는 없
다. 이것은 수소 분자와 산소 분자는 반응하기 쉽지만, 일단 만
들어진 물 분자는 안정하다는 것을 나타낸다.

그런데 이 안정한 물을 금속 나트륨에 부으면 불길이 일어나
고 탄다. 나트륨 원자는 물 분자와 반응하기 쉽기 때문이다. 보
통 불을 끄기 위해 쓰는 물도 상대에 따라서는 불이 붙게 한다.

철은 공기 중에서는 안정하며 새빨갛게 단 철 덩어리도 불붙
지 않는다. 그러나 오래 지나면 적자색 녹이 슨다. 이것은 공기
중의 산소와 화합하여 생긴 산화철이다. 철은 물속에서도 안정한
데 오랫동안 사용된 철병 속이 녹스는 것을 보면 물속에서 오래

지나면 반응이 진행됨을 알 수 있다.

이렇게 분자와 분자가 반응하여 다른 분자가 생기는 것이 **화학반응**이다. 지금까지 얘기한 것처럼 화학반응 속도에는 빠른 것, 느린 것, 반응하기 쉬운 것, 어려운 것이 있다. 조건에 따라서 화학반응의 속도는 물론 반응이 진행되는 방향도 변한다.

앞에서 얘기한 원자와 원자의 결합을 **화학결합**이라 부르며 화학결합과 화학반응에 관한 성질을 **화학적 성질**이라 부른다. 이 원자의 화학적 성질, 즉 원소의 화학적 성질을 알면 원소의 주기율표를 이해할 수 있다.

제4장

주기율표의 발견

4.1 원소의 발견

원소라고 하면 주기율표를 생각하는 사람이 많은 것처럼 원소의 성질은 주기율표로 상징된다. 주기율표의 발견과 완성은 원소의 성질을 이해하는 데 매우 쓸모 있다. 이 장에서는 지금까지와는 달리 원소의 발견과 주기율표의 발견에 대해 역사적으로 이야기하겠다.

현재 우리가 알고 있는 원소 중에 탄소, 철, 구리, 은, 주석, 황, 금, 수은, 납의 9종은 고대로부터 알려졌다. 이것은 단체로서 천연으로 산출되거나 쉽게 단체로 분리되기 때문이었을 것이다. 연금술이 성행하던 중세에는 아연, 비소, 안티모니, 비스무트가 발견되었고, 화학이 가까스로 제 모습을 갖기 시작한 18세기 말에는 30종이 넘는 원소가 알려졌다.

19세기에 들어서자 원소의 발견이 잇따랐다. 18세기 말에 볼타에 의해 발명된 전지가 사용되어, 영국의 화학자 데이비는 재빨리 큰 전지를 만들어 전해에 의해 칼륨, 나트륨 등 6개의 원소를 발견하였다. 스웨덴의 위대한 화학자 베르셀리우스는 후에 많은 희토류 원소가 분리된 세르석으로부터 먼저 세륨의 분리에 성공하였고, 이에 셀레늄, 규소 등을 발견하였다. 이리하여 19세기 초의 30년 동안에 인류가 알게 된 원소 수는 2배 가까이 늘었다.

이리하여 원소 수가 늘자 원소란 무엇인가에 대해 해명할 필요가 생겨, 물질 구성에 대해 설명하려 한 것은 당연했다. 이때에 선구적 역할을 한 것이 돌턴이었다.

4.2 돌턴의 원자론

근대과학에 있어서 원자론은 돌턴에서 시작된다. 18세기 말 프랑스의 화학자 프루스트는 탄산구리가 어떤 방법으로 실험실에서 만들어져도 그것은 천연으로 산출되는 탄산구리와 같은 조성으로 중량비는 탄소 1, 산소 4, 구리 5.3이 되는 것을 발견하였다. 그리고 많은 간단한 화합물에 대해서도 제조 방법에 관계없이 중량비는 일정하다는 것을 발견하고 다음과 같은 결론을 얻었다.

「동일 화합물은 항상 같은 원소를 같은 비율로 포함한다」고 하였으며, 이것이 **정비례(定比例)의 법칙**이다.

영국의 화학자 돌턴은 이 프루스트의 생각을 발전시켜 다음과 같은 **배수비례의 법칙**을 발견하였다.

「2개의 원소가 결합하여 2종 이상의 화합물을 만들 때, 한쪽 원소의 일정량과 결합하는 다른 편 원소의 무게는 항상 간단한 정수비를 나타낸다.」

가령 탄소와 산소의 두 원소를 생각하면 이산화탄소는 중량비가 탄소 3, 산소 8이며, 일산화탄소는 탄소 3, 산소 4이다. 탄소와 산소뿐만 아니라 원소는 이렇게 정수비로 결합한다.

이 정비례의 법칙과 배수비례의 법칙을 바탕으로 하여 돌턴은 1803년 획기적인 「원자론」을 발표하였다. 돌턴은 여기서 기원전 400년경의 그리스 철학자 데모크리토스의 「이 이상 분할할 수 없는 입자」라는 뜻의 '아토모스'라는 말을 따서 원자를 아톰이라 불렀다.

돌턴은 뉴턴의 물질에 대한 생각에 영향을 받았다. 뉴턴은

〈그림 18〉 정비례 법칙과 배수비례 법칙

「물질은 고형으로 질량이 있는 딱딱하고 튼튼한 불가입성(不可入性)을 가진 운동하는 입자로 되었고, 이 궁극입자는 그에 의해 만들어지는 속이 텅 빈 물체와 비할 데 없이 딱딱하다. 신이 천지 창조때 만든 것은 통상 있는 힘으로는 분할할 수 없고, 마모되거나 토막토막 나눠지는 일도 없고, 이 입자가 완전하다면 그에 의해 구성되는물체는 일정한 성질을 가진다」

고 생각했다. 이 뉴턴의 생각은 원자와 분자의 구별이 없다. 그래서 돌턴은 두 종류의 원자가 1개씩 결합하여 분자를 만든다고 생각하였는데, 분자는 이렇게 1 대 1로만 결합되는 것이 아니라고 후에 밝혀졌다. 그리하여 돌턴의 원자론은 차츰 사람들에게 받아들여지게 되었다.

「원자론」 속에서 돌턴은 처음으로 원자량 표를 만들어 모든 원자량을 정수로 나타냈다. 영국의 화학자 프라우트는 돌턴의 원자량 표에서 1915년 「모든 원소는 수소로 만들어졌다. 즉 모든 원자는 수소 원자로 구성된다」라고 제안하였다. 이것을 **프라우트의 가설**이라 한다. 프라우트의 가설은 우주의 물질이 겨우 한 종류의 원자에 의해 구성되었다는 것으로, 매우 단순한 것에 귀결되는 점에 매력이 있었다. 그러나 다음에 얘기하는 베르셀리우스의 정밀한 원자량 표가 나와 원자량이 정수가 아니라고 밝혀져 프라우트의 가설은 성립되지 못했다. 그러나 프라우트의 가설은 동위원소의 발견에 의해 100년 후 다시 각광을 받고 등장하기까지 많은 화학자의 마음 한구석에서 살아남았다. 그것은 그 후 발견된 원소를 보며 소수의 물질 구성 요소를 기대하고 있었기 때문이다.

4.3 베르셀리우스의 원자량 표

스웨덴의 화학자 베르셀리우스는 돌턴 뒤를 쫓아 보다 정밀하게 원자량을 측정하여 1823년 독자적인 새로운 원자량 표를 발표하였다. 이 원자량은 수소를 1로 하여 다른 원자량을 결정하였는데, 다른 원자의 원자량은 정수가 되지 않았다. 예를 들면 산소는 15.9였다.

그 후 거의 모든 원소와 화합하는 산소를 기준으로 하여 수소가 가급적 1.0에 가까운 값을 갖게 하기 위해 산소의 원자량은 16을 취하게 되었다. 그 때문에 수소의 원자량은 정확하게는 1.008이 되었다. 그 기준은 1960년대 초에 탄소 12(^{12}C)를 12로 하는 기준으로 개정될 때까지 오랫동안 쓰였다(7장 참조).

그 후도 원자량의 측정은 다른 화학자에게 이어져 차츰 정밀도가 좋아졌는데, 베르셀리우스의 원자량은 소수를 제외하고는

<그림 19> 정밀한 원자량 표를 만든 베르셀리우스

현재 알려진 값과 비교하여 그다지 큰 차가 없다. 놀랄 만한 일
치와 정밀도라고 하겠다.

돌턴은 원자와 분자를 설명하기 위해 원자를 원으로 나타내고
그 속에 원자 종류를 구별하기 위해 산소는 그대로 원으로 하
고, 수소는 점을 찍고, 질소는 세로 선을 넣었다. 이런 식으로
하면 다 나타낼 수 없었기 때문에 머리 문자를 따서 원 속에 넣
고 그 원을 배열하여 분자를 나타냈다.

베르셀리우스는 이 원을 떼어버리고 라틴어 이름의 머리 문자
만으로 원자를 나타냈다. 머리 문자가 같은 경우는 두 번째나
세 번째 글자가 덧붙여졌다. 이것이 원소의 화학기호가 되어 오
늘날도 쓰인다.

이 기호를 쓰면 잘 알다시피 수소와 산소가 화합된 물이 만들
어지는 반응은

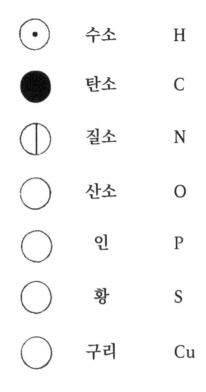

⊙	수소	H
●	탄소	C
⊘	질소	N
◯	산소	O
◯	인	P
◯	황	S
◯	구리	Cu

〈그림 20〉 돌턴의 원자기호

$$2H_2 + O_2 \rightarrow 2H_2O$$

로 나타낼 수 있다. 탄소와 산소가 화합하여 이산화탄소 또는 일산화탄소가 생기는 반응은

$$C + O_2 \rightarrow CO_2$$
$$2C + O_2 \rightarrow 2CO$$

로 나타낸다.

이러한 생각을 토대로 많은 화합물에 있어서 배수비례의 법칙이 맞는다는 것이 확인되어 화학반응에 있어서도 원자와 분자가 모순 없이 설명되는 것이 밝혀졌다. 이리하여 원자론은 가설이긴 하였으나 발판을 굳혀갔다.

4.4 원소를 분류한다

1820년대 말까지 발견된 원소 수는 50종이 넘었으며, 원자에 관한 개념이 확립되기 시작하였다. 이렇게 많은 원소가 발견되자 원소의 성질로 원소를 분류하려는 생각이 나타났다.

독일 화학자 되베라이너는 1829년에 **삼조원소**라는 생각을 발표하였다. 다음 3조는 각각 성질이 비슷한 3개의 원소로 구성되었다는 것이다.

(1) 리튬, 나트륨, 칼륨

(2) 칼슘, 스트론튬, 바륨

(3) 염소, 브로민, 아이오딘

이 세 가지 원소의 원자량은 가운데 것이 상하의 **평균값**으로 되어 있다. 이것은 원소의 주기성을 생각하는 중요한 첫걸음이었으며, 화학적 성질과 원자량의 관계를 암시하는 것이었다.

그 후 다른 화학자가 이 이외의 삼조원소의 조를 몇 가지 발견하였다. 이들 삼조원소는 서로 관련이 없는 것이 아니고 주기적인 것으로 나타낼 수 있다는 것이 프랑스의 화학자 드 샹쿠르투아에 의해 제시되었다. 그는 1862년 원소를 원자량순으로 원통 그래프 위에 배열하면 세로로 성질이 비슷한 원소가 배열된다는 것을 제시하였다. 세로로 배열된 원소의 원자량은 16이 달

Li	Ca	Cl
6.939	40.08	35.453
Na	**Sr**	**Br**
22.989	87.62	79.909
K	**Ba**	**I**
39.102	137.34	126.904

〈그림 21〉 되베라이너의 삼조원소, 숫자는 원자량을 나타낸다

랐다.

이 2년 후인 1864년 영국의 뉴랜즈는 원자량순으로 7개씩 세로로 원소를 배열하면 성질이 비슷한 원소가 가로로 배열된다는 것을 발견하여 이 배열을 **옥타브의 법칙**이라 불렀다. 당시 희유기체가 전혀 알려지지 않았던 것을 생각하면 7개의 주기는 맞았고, 현재의 주기율표와 비교하면 Ga, In, U같이 동떨어진 곳에 들어간 것도 있었지만, 당시 발견된 원소 수가 약 60이었으므로 옥타브의 법칙은 주기율표의 발견을 향해 크게 첫발을 내디뎠다고 할 수 있겠다.

4.5 주기율표의 발견

독일의 화학자 마이어는 원자량과 원자부피의 관계를 조사하여 재미있는 현상을 알아냈다. **원자부피**는 원자량을 밀도로 나눈 값으로 원자의 부피를 나타내는 양이다. 그에 따르면 〈그림 23〉처럼 원자부피가 리튬, 나트륨, 칼륨, 루비듐, 세슘의 알칼리 금속에서 날카로운 극댓값이 나타나 주기성을 보였다. 수소는 따로치고, 처음 2주기는 7원소이므로 옥타브의 법칙이 맞는데 그 뒤의 주기는 7보다 길고 뉴랜즈가 어디서 틀렸는가도 마이어의 그

58

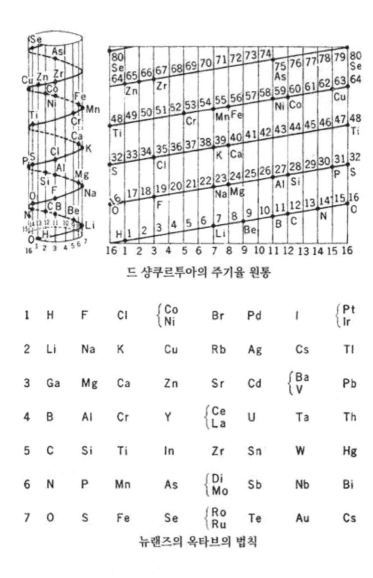

드 샹쿠르투아의 주기율 원통

1	H	F	Cl	Co / Ni	Br	Pd	I	Pt / Ir
2	Li	Na	K	Cu	Rb	Ag	Cs	Tl
3	Ga	Mg	Ca	Zn	Sr	Cd	Ba / V	Pb
4	B	Al	Cr	Y	Ce / La	U	Ta	Th
5	C	Si	Ti	In	Zr	Sn	W	Hg
6	N	P	Mn	As	Di / Mo	Sb	Nb	Bi
7	O	S	Fe	Se	Ro / Ru	Te	Au	Cs

뉴랜즈의 옥타브의 법칙

〈그림 22〉 원소의 주기성의 시작

림에서 밝혀졌다.

　마이어가 그의 연구를 발표하기 한발 앞서 1869년 러시아의 화학자 멘델레예프는 독립적으로 주기율표를 발표하였다. 멘델레예프는 원자량순으로 원소를 배열하였는데, 원자가를 중요한 성질이라 생각하여 원자가를 맞추기 위해 일부 원자량 순번을 뒤바꿔 놓았다. 또 원자가의 주기를 맞추기 위해 주기율표에 공란을 만들었다. 멘델레예프는 이 공란에는 아직 발견되지 않은 원소가 들어간다고 생각했다.

　다만 이 표의 공란이 전부가 발견되지 못한 원소 자리는 아니었다. 바나듐(V)과 구리(Cu) 사이에 올 5개의 원소(Cr, Mn, Fe, Co, Ni)는 이미 알려졌고, 나이오븀(Nb)과 은(Ag) 사이의 5개의 원소 중 4개(Mo, Ru, Rh, Pd)도 알려졌다. 멘델레예프의 주기율표에는 각각 두 자리밖에 없었으므로 꾸며 넣기 어려웠을 것이다. 우라늄(U) 위치가 다른 것은 당시 우라늄의 원자량이 2분의 1 정도의 값이라 생각하였기 때문이다.

　멘델레예프는 원자량이 애매한 것을 피했기 때문에 뉴랜즈의 주기율표에 비해 포함시킨 원자 수가 적었지만 오늘날의 주기율표와 비교하여 잘못된 데가 적고 크게 진보되었음을 엿볼 수 있다. 뉴랜즈도 그랬지만 멘델레예프도 현재의 주기율표와 달라 원소를 세로로 배열한 점이 재미있다.

4.6 멘델레예프의 예언

　멘델레예프는 1871년 주기율표를 개정하여 먼저 표의 빈칸을 얼마간 메꾸었는데 그때 남았던 빈칸 중 다음 세 원소에 대해 대단한 예언을 하였다. 그것은 칼슘 다음 원소와 아연 다음 두

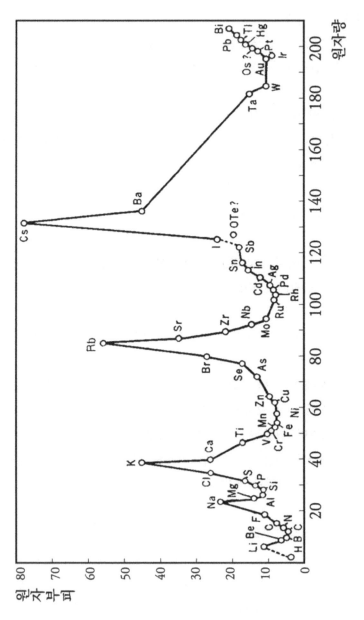

〈그림 23〉 원자량과 원자부피의 관계

Li	Na	K	Cu	Rb	Ag	Cs	—	Tl
Be	Mg	Ca	Zn	Sr	Cd	Ba	—	Pb
B	Al	—	—	—	U	—	—	Bi
C	Si	Ti	—	Zr	Sn	—	—	—
N	P	V	As	Nb	Sb	—	Ta	—
O	S	—	Se	—	Te	—	W	—
F	Cl	—	Br	—	I	—	—	—

〈그림 24〉 멘델레예프의 최초의 주기율표

원소이며, 그것을 에카붕소, 에카알루미늄, 에카규소라고 이름 붙였다. 멘델레예프는 이 원소들이 각각 붕소, 알루미늄, 규소와 비슷한 성질을 가질 것이라고 생각하여 원자량, 밀도까지 추정하였다.

멘델레예프의 예언은 틀림없이 적중하였다. 먼저 프랑스의 화학자 드 부아보드랑은 1875년 새로운 원소를 발견하여 갈륨이라 이름 붙였다. 그는 이 원소를 추출하여 여러 가지 성질을 조사하여 이 갈륨이 멘델레예프가 예언한 에카알루미늄이었음을 밝혀냈다.

또 그 후 1879년 스웨덴의 닐손이 발견한 스칸듐은 멘델레예프가 예언한 에카붕소였음이 밝혀졌다. 또 1886년 독일의 윙클러는 저마늄을 발견하였다. 이것은 갈륨 다음에 오는 원소였고 에카규소였다. 저마늄의 원자량은 72.6이고 밀도는 5.47로서, 멘델레예프가 예언한 값의 원자량 72, 밀도 5.5와 거의 일치했다.

멘델레예프가 발견되지 않은 세 가지 원소를 예언하고 나서 겨우 15년 사이에 그 원소들이 발견되고 그 성질도 놀랄 만한 일치를 나타냈다. 이제는 누구 하나 멘델레예프의 주기율표를 의심하는 사람이 없어졌다.

멘델레예프의 주기율표와 오늘날의 주기율표를 비교하면 상당한 차이가 있다. 그 이유는 멘델레예프 이후 많은 원소가 발견되었고, 원소의 성질이 갖가지 방면으로 연구되어 100년 가까운 세월에 걸쳐 주기율표가 개정되었기 때문이다. 그럼 여기서 다시 원소 발견 역사로 얘기를 되돌리자.

4.7 기술의 발전과 원소의 발견

원소의 발견 연대를 조사해 가면 1800년에서 1830년, 1870년에서 1900년, 1940년의 3기에 집중되었던 것을 알게 된다. 이 3기는 다음에 얘기하는 실험기술의 발전에 힘입은 바가 크다.

제1기는 앞에서도 얘기한 것 같이 18세기 말 볼타가 전지를 발명하였고, 19세기에 들어와서 전해법이 발달한 때문이다. 강력한 전지가 만들어져 이에 의해 칼륨, 나트륨 등 많은 원소가 1800년대 초에 발견되었다. 이것이 제1기의 중심을 이룬다.

1870년에서 1900년에 걸친 제2기는 멘델레예프의 주기율표에 자극된 바도 컸지만 분광기에 의한 스펙트럼 해석기술과 말

〈그림 25〉 드미트리 멘델레예프

기의 방사능 발견에 힘입은 것이다. 프라세오디뮴, 사마륨 등 많은 희토류 원소와 아르곤, 네온 등 희유기체의 발견은 이 분광 분석법에 의한 것이다.

1940년 이후의 발견은 가속기와 원자로 발달에 의해 인공적으로 원소가 생성되게 되었기 때문이다. 이제 3기는 나중 장에서 얘기하기로 하고 제2기의 분광 분석기술의 발달에 대해 얘기하겠다.

독일의 물리학자 키르히호프와 화학자 분젠은 1850년대에 불꽃의 빛을 프리즘에 통과시켜 그 스펙트럼에 의해 물질의 성분을 알아내는 데 성공하였다. 알다시피 분젠이 발명한 분젠 버너의 불꽃 속에 화합물을 넣으면 그 화합물은 그 물질에 특유한 빛깔을 내게 한다. 프리즘을 통해 그 빛의 파장을 분석하면 몇 개의 스펙트럼선을 볼 수 있다. 이 스펙트럼선은 그 화합물을 구성하는 원소에 고유한 것이다. 그러므로 이 스펙트럼선을 해석함으로써 미지의 화합물의 구성 원소를 알아낼 수 있다. 이미 발견된 원소의 스펙트럼을 알면 새로운 스펙트럼선이 발견되었을 때 그 시료에 새로운 원소가 포함되었는가 어떤가를 알게 된다.

이 방법에 의하여 1861년 분젠과 키르히호프는 먼저 세슘을 발견하였고 이어 루비듐을 발견하였다. 이들은 나트륨과 칼륨과 성질이 비슷한 알칼리 금속이다. 앞에서 얘기한 드 부아보드랑에 의한 갈륨의 발견도 이 분광기 덕분이었다.

이렇게 분광 분석법은 그때까지의 화학적 방법과는 상당히 달랐지만 물질의 원소 성분을 알아내는 유력한 수단이 되었다. 그 중에서도 분광 분석법이 위력을 발휘하여 희유기체를 발견하게 된 이야기를 조금 자세히 얘기하겠다.

4.8 희유기체의 발견

멘델레예프의 주기율표와 오늘날의 주기율표를 비교해 보면 멘델레예프의 주기율표에는 주기가 7개밖에 없고 헬륨, 네온 등의 희유기체가 빠진 것을 알게 된다. 멘델레예프 시대에는 생각지도 못한 이 희유기체는 19세기 말이 되어서야 비로소 발견되었다. 희유기체에 관해서는 19세기 초 영국의 물리학자, 화학자인 캐번디시부터 시작해야 한다.

캐번디시는 쿨롱의 법칙의 발견을 비롯하여 많은 놀라운 업적을 남겼는데, 그는 공기 중의 산소와 질소를 화합시키려고 시도하였고, 그때 산소와 화합되지 않는 기체가 남는다는 것을 알아냈다. 한편 영국 물리학자 레일리 경은 수소, 질소, 산소의 원자량을 주의 깊게 측정한 결과 공기 중의 질소가 지중의 화합물에

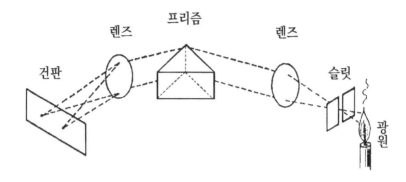

〈그림 26〉 새 원소 발견에 활약한 분광기의 원리

서 얻은 질소보다 근소하게 무겁다는 것을 밝혔다.

이에 주목한 영국의 화학자 램지는 공기 중에 질소보다 무거운 기체가 근소하게 포함되지 않았는가 생각했다. 램지는 캐번디시의 방법으로 되풀이해 실험하여 남은 기체를 가열, 발광시켜 그 빛을 분광기로 분석하였다. 그 결과 이 기체는 그때까지 알려진 어느 원소가 아니라는 것이 밝혀졌다. 이 기체는 공기 중에 약 1% 포함되며 질소보다 무겁고, 다른 원소와 화합하지 않는 비활성 원소였다. 램지는 이것을 아르곤이라 이름 붙였다. 1894년의 일이었다.

아르곤은 그 무렵의 주기율표에 들어설 좌석이 없었다. 아르곤의 원자량은 39.9로서 칼륨이 39.1, 칼슘이 40.1이었으므로 일단 그 사이에 들어가야 했다. 한편 이 부근의 원자가는 황이 2, 염소가 1, 칼륨이 1, 칼슘이 2이다. 비활성 아르곤의 원자가는 0이라 간주되므로 원자가로는 아르곤은 염소와 칼륨 사이에 들어가야 했다. 멘델레예프는 주기율표에서 원자가를 중요시하여 원자량 순서를 경우에 따라서는 바꿔놓은 경우도 있었다. 이런 생각에서 아르곤은 염소 다음에 넣었다.

주기율표에서 아르곤만이 단독적으로 존재할 수는 없었다. 아르곤의 위아래에 성질이 비슷한 원소가 존재해야 한다. 바꿔 말하면 멘델레예프의 주기율표는 세로로 한 행이 빠졌던 것이 된다.

그래서 램지는 아르곤과 같은 비활성기체 찾기에 열중하였는데 이보다 먼저 프랑스의 천문학자 장센은 1868년, 태양의 스펙트럼 중에서 지상의 어느 원소에도 속하지 않는 스펙트럼선을 발견하였다. 태양으로부터의 빛은 열복사에 의한 연속스펙트럼을 나타내며, 태양 표면을 덮는 기체에 의해 발광스펙트럼과 같은 파장의 빛이 흡수되어 연속스펙트럼 중에 어두운 선스펙트럼이 보인다. 이것을 흡수스펙트럼이라 한다. 장센은 이 흡수스펙트럼 중 새로운 스펙트럼선으로부터 지상에 없는 원소가 태양에 있다고 추정하여 헬륨이라 이름 붙였다.

한편 램지는 우라늄 광석으로부터 기체사료가 얻어짐을 듣고 이 기체를 꺼내 분광기로 스펙트럼을 조사하였더니 그것이 바로 태양의 스펙트럼 중 헬륨과 같은 것이었다. 때는 1895년이었다. 헬륨도 비활성으로 그 원자량은 수소와 리튬 사이였다.

이어 램지는 액체공기를 증류하여 새로운 원소를 찾았다. 공기 중에 포함되는 기체는 각각 끓는점이 다르므로 액체공기로부터 증류법에 의해 분리할 수 있다. 증발된 기체를 방전관에 유도하여 전압을 걸어 방전시켜 그 스펙트럼을 조사한 결과, 단기간에 3종의 원소를 발견하여 네온, 크립톤, 제논이라 이름 붙였다. 이 기체들도 비활성이며, 어떤 것과도 화합하지 않았다. 원자량으로는 각각 플루오린, 아이오딘 다음에 오는 것이었다.

이 기체들은 통틀어 희유기체라고 불리며 주기율표의 할로겐

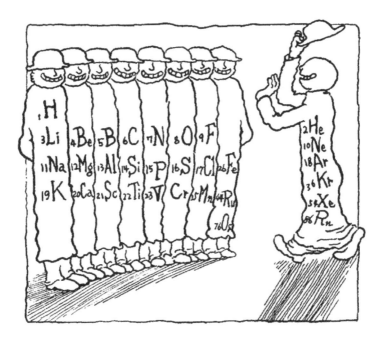

〈그림 27〉 주기율표에 새로 일족이 보태졌다

과 알칼리 사이에 들어간다. 이리하여 주기율표에 새로운 일족이
더해졌다. 이 희유기체가 발견된 경위를 살펴보면 분광 분석법이
얼마나 주요했던가를 알게 된다.

4.9 라듐의 발견

다음으로 19세기 말부터 20세기 초에 걸쳐 라듐의 발견으로
대표되는 많은 방사성을 가진 원소의 발견에 대해 얘기하겠다.
이 발견은 새로운 기술에 따른 것이라 말하기 어렵지만, 방사선
또는 방사능이라 불리는 새로운 현상에 수반된 것이었고, 방사선
측정에 의해 이룩된 것이다.

1895년 뢴트겐이 X선을 발견하여 살아 있는 사람의 뼈나 불투명한 것의 내부를 투시할 수 있는 불가사의한 광선으로 과학자뿐만 아니라 당시 많은 사람을 놀라게 하였다.

과학자들은 X선이 진공방전 때 발견되고, 그때 방전관이 형광을 발생하는 것에 주목하여 형광물질이 빛 이외에 X선을 복사하지 않는가 생각하여 형광물질을 모조리 조사하였다. 역시 형광물질을 조사하던 베크렐은 우라늄 광석이 투과도가 강한 방사선을 방출하는 것을 발견하였다. 이 방사선은 우라늄 자체에서 방사된다는 것을 알아냈다.

퀴리 부부도 이 베크렐의 연구에 자극되어 방사성 물질 연구에 착수하였다. 그리하여 우라늄을 뽑아낸 나머지 광석인 피치블렌드에 우라늄과 토륨보다 강한 방사성이 남은 것에서 다른 강한 방사성 물질이 있을 것이라고 추정하여 대량의 피치블렌드에서 추출을 시도하였다. 큰 고생 끝에 바륨을 닮은 원소의 추출에 성공하여 이에 라듐이라 이름 붙였다.

라듐의 발견은 방사능에 관해 세상의 주목을 끔과 동시에 퀴리 부부의 이름을 일약 세계적인 것으로 만들었다. 이것이 전세기 말 1897년이었다.

잇따라 퀴리 부부는 방사성을 가지며 텔루륨을 닮은 원소를 발견하고, 퀴리 부인의 조국인 폴란드의 이름을 따서 이 원소에 폴로늄이라는 이름을 붙였다.

1900년에는 도른에 의하여 라돈이 발견되었다. 라돈은 주기율표에서는 제논 밑에 오는 무거운 희유기체이다. 이들에게 악티늄과 프로트악티늄을 더하여 비스무트와 우라늄 사이의 주기율표 끝을 메꾸는 5개의 방사성 원소가 이 시기에 발견되었다.

4.10 주기율표의 수수께끼

여기서 다시 한 번 멘델레예프의 초기 주기율표를 보자. 바륨 (Ba)보다 원자량이 무거운 원소란은 빈칸 투성이었고 그즈음 발견된 것도 배열할 수 없는 상태였다. 그 후 멘델레예프가 예언한 원소가 발견되어 주기율표의 가벼운 원소는 거의 메꾸어져 멘델레예프의 주기율표는 확고한 발판을 굳혔음에도 불구하고 무거운 원소 문제는 여전히 해결되지 않았다. 그 때문에 이것이 주기율표에 있어서 치명적이지 않을까 생각하는 사람이 있을 정도였다.

그 첫째 원인은 무거운 원소의 원자량에 상당한 잘못이 있었기 때문이었다. 그것은 멘델레예프의 주기율표에서 우라늄이 주석 근방에 있는 것으로도 알 수 있는 것처럼 당시 인듐, 란타넘, 토륨 등도 원자량이 현재의 2분의 1이나 3분의 2 정도의 작은 값이었다. 이 원자량의 혼란은 그 후 해결되어 토륨과 우라늄이 제일 무거운 원소 자리를 차지하게 되었다.

둘째는 해결될 때까지 50년 이상의 세월이 걸린 희토류 원소의 수수께끼였다. 희토류 원소 발견의 역사는 오래되었고 18세기 말로 거슬러 올라간다. 핀란드의 화학자 가돌린은 스웨덴의 스톡홀름에 가까운 위테르뷔에서 캐낸 광석에서 새로운 금속산화물을 찾아내어 이트리아라고 이름 붙였다. 그즈음 일반적으로 금속산화물을 토류라 불렀는데, 이것은 희귀한 토류였으므로 희토류라고 불렀다. 그 후 1828년 이트리아로부터 뵐러가 이트륨을 분리하였다.

한편 베르셸리우스는 희토류를 포함하는 다른 광석을 발견하여 세르석이라 불렀다. 나중에 여기에서 세륨이 분리되었다.

그 후 이트리아와 세르석으로부터 많은 원소가 발견되었는데, 이들 원소의 결정은 그다지 간단하지 않았다. 처음에는 원소라고 생각되었던 게 나중에 몇 가지 원소의 혼합물이었던 것이 밝혀졌다. 1843년 모산데르에 의해 이트륨에서 테르븀과 어븀이 분리되었고, 1839년에는 세륨으로부터 란타넘과 디디뮴이 분리되어 사람들을 놀라게 했다. 이 디디뮴은 앞의 옥타브의 법칙 그림에 나왔던 것이다.

그러나 1879년 드 부아보드랑이 디디뮴으로부터 사마륨을 분리하였고, 1885년 벨스바흐에 의해 다시 디디뮴으로부터 프라세오디뮴과 네오디뮴이 분리되어 디디뮴은 해체되어 버렸다. 그동안, 즉 46년간 디디뮴은 원소로 행세하였다.

이 원소들은 화학적 성질이 비슷하고 처음에는 하나의 원소라고 생각되었던 것이 차례차례 몇 개의 원소로 나눠졌기 때문에 이 원소에 불순물이 혼합되지 않았다고 단언할 수 있는 사람이 없었다. 이때 문제 해결의 열쇠가 된 것은 앞에서도 얘기한 분광 분석법이었다. 그 방법에 의해 가까스로 6개의 희토류 원소가 확립되었다.

그러나 분광 분석법에도 뜻밖의 약점이 있었다. 이번에는 이 방법에 의하여 1878년부터 8년간에 약 50개의 희토류의 새 원소 발견이 속속 보고되었다. 주기율표가 손을 든 시대라고 해야 했다. 이것은 띠스펙트럼을 잘못 이해한 데서 온 것이었으며, 또 스펙트럼선은 때에 따라서는 근소한 불순물 때문에 흩어지는 일이 있어 분광 분석법의 한계가 드러났다.

희토류 원소에 있어서 보다 본질적인 문제이며, 주기율표에 있어 심각한 문제는 희토류 원소는 화학적 성질이 비슷하고 모두 3가의 원자가를 가지고 있어서 그 원자량이 모두 바륨(Ba)과 탄탈럼(Ta) 사이라는 것이다.

란타넘은 이트륨 밑에 들어가므로 문제가 없다. 세륨은 3가 외에도 4가의 원자가를 가졌으므로 지르코늄(Zr) 밑에 들어가는데 그 밖의 희토류 원소는 나이오븀(Nb)이나 몰리브데넘(Mo) 밑에 얌전히 들어가지 않는다.

1907년 루테튬(Lu)이 발견되었을 때 믿을 만한 희토류 원소 수는 14에 이르렀다. 이들 원소를 원자량순으로 란타넘 위에 겹쳐놓는 이외에 주기율표에 넣을 곳이 없었다. 그러나 이 원소들 속에 불순물이 없다는 보장도 없었으며, 왜 여기만 화학적 성질이 비슷한 원소가 많이 나타나는가 하는 의문에 대답할 수도 없었다.

이를 해결하기 위해서는 그 후 다른 분야의 연구를 기다려야 했다. 그것은 영국의 물리학자 모즐리의 X선 스펙트럼의 법칙과 덴마크의 보어의 원자구조 이론이었다. 원자구조에 대해서는 다음 장에서 얘기하기로 하고, 희토류의 수수께끼를 해결하고 모든 원소에 번호를 붙여 발견되지 않은 원소의 빈칸까지 결정한 모즐리의 법칙이란 어떤 것인가?

4.11 모즐리의 법칙

물질에 전자선(음극선)을 쬐이면 그 물질을 구성하는 원소에 특유한 파장을 가진 X선이 복사된다. 이 X선을 특성 X선이라 한다. 모즐리는 X선이 결정에 의해 회절을 받는 성질을 이용하여 X선 파장을 정밀하게 측정하는 X선 분광기를 만들어 여러 가지 원소의 특성 X선을 측정하였다.

각 원소에서 제일 파장이 짧은 특성 X선을 KX선이라 하는데, 모즐리는 먼저 이 KX선의 파장을 많은 원소에서 측정하여 「KX선의 진동수가 대략 그 원소의 원자번호의 제곱에 비례한다」는 것을 발견하였다. 이것이 모즐리의 법칙이다.

원자번호는 수소부터 주기율표순으로 1, 2, 3………의 번호를 붙인 것이다. 주기율표의 위치가 미심쩍은 것은 모즐리의 법칙에 의해 KX선의 진동수로부터 원자번호가 결정된다. 바꿔 말하면 주기율표의 위치가 결정되는 것이다.

모즐리의 법칙에 의해 금은 79번, 우라늄은 92번이라고 원자번호가 결정되었다. 당시 발견된 14가지 희토류 원소는 틀림없는 원소였고, 화학자가 결정한 순번은 옳았고, 희토류 원소는 바륨과 탄탈럼 사이에 들어가게 되었다. 이리하여 오랫동안 혼란을 빚었던 희토류의 수수께끼도 끝이 났다.

1923년 하프늄이 발견되어 희토류는 루테튬으로 끝나 하프늄은 지르코늄 밑에 자리를 차지했다. 그 때문에 희토류 원소는 모두 이트륨 밑의 한 자리에 밀려버렸다. 더욱이 모즐리의 법칙에서 네오디뮴과 사마륨 사이에 발견되지 못한 원소의 공란이 있다는 것도 밝혀졌다.

모즐리의 법칙에 관한 자세한 설명은 다음 장에서 얘기하는 보어의 원자구조 이론을 기다려야 하는데, 보어의 이론에 의하면 KX선의 진동수는 원자핵의 전하의 제곱에 비례한다. 그러므로 모즐리의 법칙에 의해 원자번호는 원자핵의 전하를 나타내게 되어 주기율표의 순번의 뜻이 비로소 밝혀졌다. 모즐리는 젊었을 때 위대한 업적을 남기고 1차 세계대전에 참전하였다가 애석하게도 전사하였다.

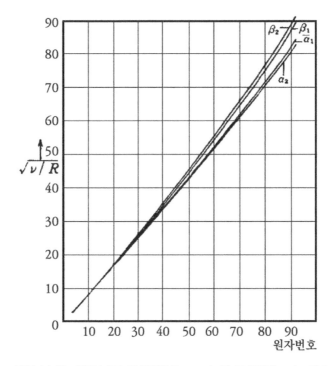

진동수(ν)는 파장(λ)에 반비례하고 $\nu=c/\lambda$로 주어진다. c는 광속
도이다. 원자번호를 Z라고 하면 모즐리의 법칙은 $\nu=aZ^2$으로 표
시된다. a는 비례상수이다

〈그림 28〉 모즐리의 법칙. KX선도 자세히 보면 α_1, α_2, β_1,
            β_2의 4개가 포함된다. R은 상수(제5장-수소 원자의
            스펙트럼 참조)

4.12 주기율표의 완성

전세기 말에서 금세기 초에 걸쳐 차례로 원소가 많이 발견되
었고, 1923년의 하프늄, 1925년의 레늄의 발견으로 수소에서
우라늄까지 92원소 중 네 자리만 비게 되었다. 이리하여 주기율
표는 완성에 가까워졌다.

　발견되지 못했던 4개의 원소 중 둘은 원자번호 43과 61의 원소이다. 이 원소들이 발견되었다는 보고도 있었고, 각각 마즈륨, 이리늄이라는 이름까지 제안되었는데, 많은 노력에도 불구하고 이 원소들은 쉽사리 모습을 드러내지 않았다. 결국 나중에 밝혀진 바로는 이들은 천연으로는 존재하지 않는 원소였다.

　나머지 둘은 비스무트보다 무거운 원자번호 85와 87의 원소였고, 이것은 방사성을 가진다고 추정되었다. 1939년에 천연으로 극히 미량이 존재하는 87번 원소가 발견되었다. 또 43번, 85번 원소는 세그레에 의해 가속기를 사용하여 인공적으로 만들어졌다. 1945년 인공적으로 만들어진 61번 프로메튬을 마지막으로 수소에서 우라늄까지의 92번 원소의 발견이 끝장났다.

　그러나 원소의 발견은 이것으로 끝난 것은 아니었고, 그 후 새 원소를 발견하려는 노력은 초우라늄에 기울어져 연달아 초우라늄 원소가 발견되었다. 인공 원소와 초우라늄 원소 발견에 대해서는 나중에 자세히 얘기하겠다.

　멘델레예프의 주기율표는 희유기체와 희토류 원소 발견에 의해 정정되었는데, 초우라늄 발견에 의해 90번 부근을 다시 개정할 필요가 생겼다. 낡은 주기율표에서는 89번의 악티늄에서 우라늄까지 순차적으로 가로로 배열되며 우라늄이 텅스텐 밑에 있었다. 그런데 1950년경이 되자 초우라늄의 화학적 성질에서 악티늄부터 그 뒤의 원소는 희토류처럼 한 행에 넣어야 한다는 것이 알려졌다. 란타넘에서 시작되는 그때까지의 희토류 원소는 「란타니드」라고 부르기로 하고, 악티늄에서 시작되는 새로운 그룹을 「악티니드」라고 부르게 되었다. 희토류만이 특별한 것은 아니었고, 제일 윗행은 따로 치고 2행씩 주기가 길어져 간다. 현재의 주기율표에서는 초우라늄을 포함하는 악티니드의 15원소는 란타니드 밑에 배열되어 104번 초우라늄 원소에 이르러 비로소 하프늄 밑에 놓인다.

우리는 아직 주기율표의 끝이 어딘지 모른다. 그러나 원소가 더 존재한다면 주기율표를 가로로 나가 원자번호 118번이 희유 기체가 될 것을 상당히 자신 있게 말할 수 있다. 주기율표 완성은 원소의 끝을 발견하기까지 상당한 세월이 걸릴 것이다.

제5장

주기율표와 원자의 구조

5.1 단주기와 장주기

멘델레예프 이래 사용되는 단주기의 주기율표(책 앞머리 그림)
는 세로로 Ⅰ족, Ⅱ족, Ⅲ족……Ⅷ, 0족의 9개의 그룹으로 나
눠지고, 가로로는 1에서 7까지 7개의 주기로 나눠진다. 같은 세
로 열, 즉 동일한 족에 속하는 원소는 원자가에 의해 구별된다.
그러나 같은 족의 원소에도 화학적 성질이 다른 두 그룹이 있고
Ⅰ족에서 Ⅶ족까지 각각 A와 B그룹으로 나눠진다.

한편 가로로 본 7개의 주기 중 1, 2, 3주기에서는 원소 수가
2, 8, 8이라는 짧은 주기를 갖는 데 비해, 4~7주기에서는 18,
18, 32, 32로 긴 주기가 된다.

단주기의 주기율표는 이름처럼 단주기를 기준으로 한 것으로 A,
B가 같은 세로 열에 들어가며, 장주기를 기준으로 한 장주기의 주
기율표에서는 A, B가 좌우로 나눠진다(책 앞머리 그림 참조).

원자가로 보면 단주기 쪽이 편리하지만 장주기의 주기율표는
알칼리 금속(H, Na, K 등)에서 시작하여 희유기체(He, Ne, Ar
등)로 끝나며, 대단히 뚜렷한 주기로 원소의 화학적 성질이 나타
나 있다. 이 때문에 최근 20년 정도 사이에서는 점차 장주기의
주기율표가 많이 쓰인다.

앞에서도 얘기한 것 같이 주기율표는 원소 수가 2, 8, 8, 18,
18, 32, 32로 다음 주기로 바뀌게 되었고, 처음 2를 따로 치면
둘씩 같은 주기이다. 이 원소 주기는 무엇을 뜻하는가. 이것을
이해하는 데는 아무래도 원자구조를 알아야 하므로 이에 앞서
원자가를 중심으로 원소의 화학적 성질을 알아보자.

5.2 희유기체, 알칼리에서 전이금속까지―화학적 성질

주기율표의 그룹에서 가장 특징적인 것은 0족 희유기체일 것이다. 이 그룹은 모두 상온에서 기체이며 1원자 분자이다. 통상 조건에서는 어떤 것과도 화합하지 않는 화학적으로 활발하지 않은 원소이다. 따라서 원자가는 0이라 생각된다.

주기율표의 제일 처음에 있는 알칼리 금속은 화학적으로 활발한 원소로, 주기율표의 아래쪽에 있는 것일수록 활발하고 녹는점이 낮다. 세슘의 녹는점이 28.5℃로서 담은 용기를 손으로 만지기만 해도 녹을 정도이다. 알칼리 금속은 가볍고 연하며 주머니칼로도 쉽게 자를 수 있다. 나트륨은 공기 중에서 금방 산화하고, 물을 부으면 용해하면서 심하게 반응한다. 칼륨은 물을 부으면 불길이 나면서 탄다. 나트륨과 칼륨은 생물에게는 없어서는 안 될 금속 원소로, 그 화합물은 체내에 함유되어 있다. 나트륨의 수산화물은 $NaOH$이며, 염화물은 $NaCl$이다. 수소의 원자가는 1가이며, 염소도 1가이므로 알칼리 금속은 모두 1가이다.

장주기의 주기율표에서 알칼리 금속 다음에 오는 것은 알칼리 토금속이다. 이들 금속은 알칼리 금속 정도는 못 되지만 화학적으로 활발한 금속이다. 칼슘은 우리의 영양으로도 중요한 뼈의 구성 원소이다. 탄산칼슘($CaCO_3$)은 방해석, 대리석 등 아름다운 돌을 만들고, 조개껍질, 산호, 진주의 주성분이기도 하다. 또 칼슘은 산소와 합하여 생석회라고 불리는 산화칼슘(CaO)을 만든다. 산소의 원자가는 2가이므로 알칼리 토금속 원소의 원자가도 2가이다.

장주기의 주기율표를 보면 알칼리 토금속과 붕소 등의 토류 원소 사이가 크게 벌어졌다. 즉 제2, 3주기에는 원소가 없다. 그

80

〈그림 29〉 희유기체는 아무 하고도 손을 잡지 않는다. 그러므로
원자가는 0이다

아래에 배열된 원소는 모두 금속 원소이며, ⅢA족부터 ⅡB족까
지를 전이원소 또는 전이금속이라 총칭한다.

일반적으로 전이금속은 안정하고 공기 중에서 서서히 산화하
는 것은 있어도 심하게 화합하지 않는다. 크로뮴은 산화제이크
로뮴(Cr_2O_3), 삼산화크로뮴(CrO_3)같이 3가와 6가, 때로는 2가
의 원자가를 나타낸다. 철은 소와 화합하여 염화제일철($FeCl_2$)
과 염화제이철($FeCl_3$)을 만들기 때문에 철은 2가와 3가의 원자
가를 가진다고 생각해야 한다. 이렇게 ⅠB족과 ⅡB족을 제외한
전이금속의 원자가는 반드시 1이 아니고 2 또는 3의 원자가를
가지는 것도 있는데, 주요한 원자가는 ⅢA족은 3가, ⅣA족은 4
가……로 된다. Ⅷ족만은 8가가 아니고 2가 또는 3가, 4가이다.

〈그림 30〉 생물에게 필수적인 원소

5.3 귀금속에서 할로겐까지―화학적 성질

　구리, 은, 금은 IB족으로 여기서 다시 원자가는 1가로 되돌아
간다. 그러나 알칼리 금속과는 성질이 달라 딱딱하고 무겁고 화
학적으로 활발하지 못하다. 이 귀금속 뒤에 아연 등 2가의 ⅡB
족이 이어진다.

　붕소, 알루미늄 등의 토류금속은 비교적 안정한 원소이다. 알
루미늄은 공기 중에서 금방 표면에 얇은 산화피막이 생기지만
내부까지 산화가 진행되지 않는다. 이 산화물은 Al_2O_3로 토류금
속이 3가임을 나타낸다.

 ⅣB족의 탄소는 결정이 되면 흑연과 다이아몬드를 만드는데, 또한 유기 화합물 같은 특이한 화합물도 만든다. 규소와 저마늄은 반도체로서 최근 트랜지스터, 집적회로의 재료로 전자공업에서 중요한 구실을 한다. 이 족의 산화물은 이산화탄소(CO_2) 또는 석영(SiO_2)이며 원자가가 4가임을 나타낸다.

 질소, 인 등은 VB족을 형성한다. 그 대표인 질소는 공기의 주성분이며, 제일 유명한 질소 화합물은 암모니아(NH_3)이다. 이 수용액은 암모니아수로 코를 찌르는 강한 냄새가 난다. 배기가스 공해로 주목되는 질소 산화물에는 N_2O, NO, N_2O_3, NO_2, N_2O_5의 5종이 있다. 따라서 질소는 1가, 2가, 3가, 4가, 5가의 다섯 종류의 원자가를 가진다. 또 탄소와 화합하여 사이안화물(CN)이 된다. 사이안화물은 사이안화수소(HCN), 사이안화은(AgCN) 등 많은 사이안화물을 만든다.

 VIB족은 산소로 대표된다. 잘 알려진 것과 같이 산소는 희유기체를 제외한 거의 모든 원소와 화합하여 산화물을 만든다. 산소가 수소와 화합하여 물(H_2O)을 만드는 것으로도 알 수 있는 것처럼 원자가는 2이다. 이 그룹의 원소는 산소와 마찬가지로 2가의 원자가를 가진다.

 주기율표에서 희유기체 이웃에 있는 VIIB족의 할로겐은 희유기체와 달라 매우 활발한 원소이다. 할로겐 화합물에는 염화수소(HCl), 염화나트륨(NaCl), 아이오딘화은(AgI) 등 우리 생활과 인연이 깊은 화합물이 많다. 수소의 원자가는 1가이므로 1 대 1로 수소와 화합하는 할로겐도 1가이다. 상온에서 플루오린과 염소는 기체, 브로민은 액체, 아이오딘과 아스타틴은 고체이다.

 이 ⅣB족, VB족, VIB족에서 주기율표 위쪽에서는 탄소, 질소,

〈그림 31〉 산소는 손이 둘, 원자가는 2이다

산소같이 비금속인데 아래쪽은 금속이다. 가운데쯤의 저마늄, 비소, 셀레늄 등은 금속과 비금속의 중간적인 특이한 성질을 나타낸다.

　주기율표의 각 그룹의 화학적 성질에 대해 얘기하였는데 그중에서 특히 눈에 띄는 성질은 다음과 같은 점일 것이다. 화학적으로 활발하지 못한 희유기체 전후에 대단히 활성이 강한 알칼리와 할로겐이 있다는 것, 원자가가 알칼리로부터 우로 가면 증대하고, 가운데쯤에서 한 번 1가로 내려가고 다시 증가한다는 것, 그 주기가 2, 8, 8, 18, 18, 32, 32로 변화한다는 것이다.

　이러한 주기적인 원소의 성질은 원자의 내부 구조에 따른다. 원자구조는 분광학의 진보에 의해 해명되었는데, 그에 따라 원자의 화학적 성질도 설명할 수 있게 되었다. 원자구조에 대해서 얘기하기 위해 먼저 제일 간단한 수소 원자의 스펙트럼을 알아보자.

5.4 수소 원자의 스펙트럼

앞 장의 분광 분석법에서 얘기한 것처럼 원자가 내는 빛을 분광기로 분석하면 각 원소에 고유한 스펙트럼선이 관찰된다. 이 스펙트럼선에 의하여 많은 원소가 발견되고 확인되었다. 그럼 한 원소의 다수의 스펙트럼선은 어떤 의미를 가지는가. 전세기 말 발머는 가시광선부의 수소의 스펙트럼에 다음 식으로 나타내는 규칙성이 있음을 발견하였다.

$$\frac{1}{\lambda} = R(\frac{1}{2} - \frac{1}{n^2}) \quad n= 3, 4, 5\cdots\cdots$$

λ는 빛의 파장이며, R은 뤼드베리상수라고 불리는 비례상수이다. 이 식에서 n을 3, 4, 5……로 바꾼 값의 스펙트럼선이 관측된다. **발머 계열**이라 부르는 이 규칙성은 다음에 얘기하는 보어의 원자론에, 이어 양자역학의 탄생을 이끈 획기적인 것이었다.

그 후 라이언은 자외선부에 2^2 대신 1^2으로 설명되는 스펙트럼선을 발견하고, 또 적외선부에 2^2을 3^2과 4^2으로 바꿔 설명되는 스펙트럼선을 파셴과 블래킷이 발견하였다. 이것을 종합하여 수소 원자의 스펙트럼은

$$\frac{1}{\lambda} = R(\frac{1}{n'^2} - \frac{1}{n^2})$$

로 나타낼 수 있다. n′는 양의 정수이며, n은 n′보다 큰 정수이다.

가장 가벼운 수소 원자의 스펙트럼선은 제일 간단하므로 이것을 설명하면 스펙트럼으로부터 원자구조를 알아내는 토대로서 중요한 의의를 가진다. 그러나 문제를 해결하는 실마리는 러더퍼

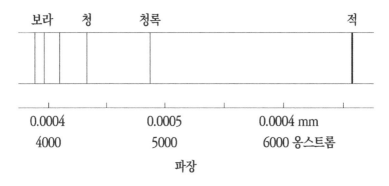

〈그림 32〉 수소의 가시광 스펙트럼

드에 의해 전혀 다른 알파선의 산란 실험에서 해결됐다.

5.5 러더퍼드의 원자구조

러더퍼드는 퀴리 부부보다 한발 늦게 방사선 연구를 시작하여 원자붕괴설을 세우는 등 주목할 만한 연구를 하였다. 1911년 러더퍼드는 방사성 물질에서 복사되는 알파선이 물질에 의해 산란되는 실험을 하였을 때, 근소하지만 알파선이 큰 각도로 산란되는 것을 관측하고 이로부터 원자핵의 존재를 입증하였다.

그때까지 원자 내에 음전하를 갖는 전자의 존재가 인정되었다. 그 때문에 중성인 원자에는 전자 수에 상당하는 양전하가 어딘가에 포함될 것이었다. 그 양전하가 원자 안에 가득히 분산되었다면 양전자를 가진 알파입자가 큰 각도로 산란되지 않을 것이었다. 큰 각도로 산란되기 위해서는 원자 내의 한 점에 상당한 질량을 가진 양전하의 '심' 같은 것이 존재할 것이다. 러더퍼드는 자기 실험을 바탕으로 계산하여 원자핵의 존재를 설명하였다. 이것을 **러더퍼드 산란**이라 한다.

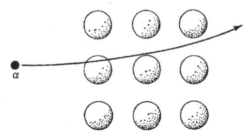

구름 같은 플러스로 하전된 원자에서는
알파선은 작은 각도로 산란된다.

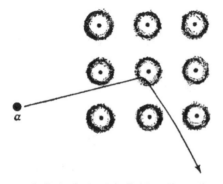

원자에 핵이 있으면 알파선은 때로
큰 각도로 산란된다.

〈그림 33〉 알파선의 산란

　러더퍼드는 이 양전하와 원자의 대부분의 질량을 가진 원자핵
을 중심으로 그 주위를 음전하를 가진 전자가 도는 원자모형을
제안하였다.

　이 원자모형은 보어에게 이어져 원자구조 이론으로 발전되었다.

〈그림 34〉 닐스 보어

5.6 수소 원자의 구조

보어의 수소 원자 이론에 의하면 중심에 전자의 전하와 같은 크기로 양전하를 가진 원자핵이 있고, 그 주위를 1개의 전자가 운동한다고 생각된다. 제2장에서 간단하게 얘기한 것과 같이 이 전자는 쿨롱 인력에 의해 태양계의 행성처럼 원운동, 또는 타원 운동을 한다. 태양계와 다른 점은 전자가 몇 가지 정해진 궤도를 취한다는 점이었다.

태양계에서는 만일 행성이 속도를 바꾸면 궤도가 변하고, 에너지도 변화한다. 이 변화는 연속적으로 일어날 수 있는데, 이에 대해 원자 내의 전자는 특정한 에너지값밖에 취할 수 없다. 바꿔 말하면 전자 궤도는 연속적으로 변화하지 않고 띄엄띄엄 변한다. 보어의 이론에 의하면 이 에너지는 정수의 제곱에 반비례하여

88

$$E^n = -A\frac{1}{n^2} \qquad n= 1,\ 2,\ 3\cdots\cdots$$

으로 주어진다. 결합 상태이기 때문에 에너지(E)는 음으로 나타
낸다. A는 비례상수이다.

이 정수(n)가 큰 것일수록 바깥쪽 궤도를 나타내고 에너지가
높다. n이 큰 것, 즉 전자가 에너지가 높은 궤도에 있을 때를
들뜬상태라고 한다. n이 1인 경우가 에너지가 제일 낮은 궤도로
서, 전자가 에너지가 높은 궤도부터 낮은 궤도로 옮길(전이) 때
여분의 에너지를 빛으로 방출한다(그림 35).

전자가 처음 주어진 궤도(n)에 있고, 거기서보다 에너지가 낮
은 궤도(n′)에 떨어졌다고 하자. 이때에 방출된 빛은 그 에너지
차인

$$E = E_n - E'_n = A\left(\frac{1}{n'^2} - \frac{1}{n^2}\right)$$

이 주어진다. 빛에너지와 파장 사이에는

$$E = \frac{hc}{\lambda}$$

라는 관계에 있다. h는 플랑크의 상수, c는 광속도이다. 따라서
빛의 파장(λ)은

$$\frac{1}{\lambda} = \frac{A}{hc}\left(\frac{1}{n'^2} = \frac{1}{n^2}\right)$$

로 나타낸다. 이것은 발머 계열을 비롯하여 수소 원자의 스펙트
럼선을 나타내는 일반식이며, 이 보어의 이론으로 구해진 비례상

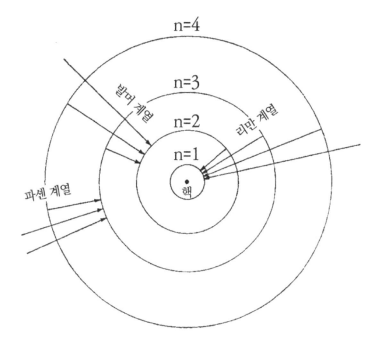

〈그림 35〉 수소 원자의 전자 궤도와 스펙트럼선

수(A)는 발머 계열 등의 R과 일치하였다.

　보어의 이론은 당시로서는 참신한 이론으로 새로운 생각을 나타냈는데 몇 가지 문제점도 남았다. 예를 들면 '어째서 원자 내의 전자는 연속적으로 에너지값을 바꿀 수 없는가' 하는 의문에는 대답할 수 없었다. 그러나 그 후 태어난 양자역학에 의하여 이 문제는 해결돼 원자구조의 기초가 완성되었다.

　양자역학에 의해 이 수소 원자 문제를 풀면, 먼저 보어의 이론과 같은 n의 제곱에 비례하는 에너지값이 얻어진다. 양자역학에서는 이 n을 **주양자수**라고 한다. 일반적으로 **양자수**는 정수 또는 반정수로 에너지, 각운동량 등의 물리량의 크기를 나타낸다.

일반적인 원자구조를 소개하기 위해서는 좀 더 수소 원자의 스펙트럼에 대한 자세한 얘기가 필요하다.

5.7 스펙트럼선은 한 가닥 선이 아니다

분광기 분해능이 좋아져 그때까지 한 줄기라고 생각한 스펙트럼선도 몇 가닥의 선으로 나눠지게 되었다. 수소 원자의 스펙트럼선도 분해능이 좋은 분광기로 측정하면 몇 가닥의 선으로 나눠진다. 예를 들면 발머 계열의 n=3의 스펙트럼선은 파장 653 Å인데, 실은 0.22Å 사이에 6개의 선이 포함된다(그림 36). 이것을 **미세구조**라고 부른다. 이것은 수소 원자의 전자 궤도 에너지가 에너지 크기를 결정하는 주양자수 이외에도 근소하지만 관계된다는 것을 뜻한다. 그것은 각운동량이라고 불리는데, 각운동량은 내양자수(j)로 나타낸다. 같은 n의 궤도에 각운동량이 다른 것이 있고, 그 때문에 근소하지만 에너지 차가 생긴다. 그리하여 분해능이 좋은 분광기로 측정하면 스펙트럼선이 몇 가닥으로 분기되어 미세구조로 보인다.

다음에 자세히 얘기하는 부분은 읽지 않아도 된다.

원자의 일반론을 전개하기 위해 좀 더 자세히 미세구조에 대해 설명하겠다. 에너지를 나타내는 양자수가 주양자수였는데, 이 밖에 각운동량의 크기를 나타내는 양자수—내양자수가 나왔다. 각운동량을 설명하기 위해 다시 태양계를 예로 들자.

지구는 태양 주위의 궤도상을 공전함과 동시에 자전한다. 태양에서 보아 지구는 공전과 자전의 두 가지에 의한 각운동량을 갖는다. 원자핵 주위를 도는 전자도 궤도운동에 의한 각운동량과 자전(스핀)에 의한 각운동

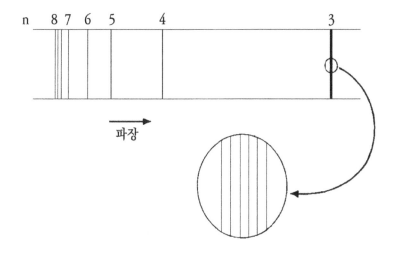

〈그림 36〉 스펙트럼선에는 미세구조가 있다

량 두 가지가 있다. 양자역학에서는 이 궤도각운동량의 크기가 방위양자
수(ℓ)로 표시되고, 스핀각운동량은 스핀양자수(s)로 나타낸다.

전자의 스핀양자수는 항상 2분의 1이며, 방위양자수는 주양자수보다
작은 0과 정수값

ℓ =0, 1, 2············n-1

을 취한다. 궤도각운동량과 스핀각운동량이 같은 방향을 향하는가, 서로
반대 방향을 향하는가에 따라 전 각운동량을 나타내는 내양자수(j)는 방
위양자수와 스핀양자수의 합 ℓ +1/2 또는 그 차 ℓ -1/2가 된다. 그러
므로 n이 주어졌을 때 ℓ 과 j가 취할 수 있는 값은 〈표 3〉과 같다. 〈그
림 39〉처럼 세로 방향으로 에너지를 취하고, 궤도의 에너지를 가로선(준
위)으로 나타내면 이 〈표 3〉에서 알 수 있는 것처럼 주양자수가 n인 에
너지 준위는 n개의 내양자수(j)가 다른 준위로 나눠진다. 〈그림 39〉는
발머 계열의 n=3인 때를 보인 것이다. 이에 의해 이 스펙트럼선이 6개로
나눠지는 것을 알 수 있게 된다.

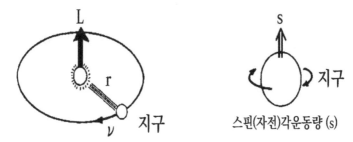

궤도각운동량 L=mνr

m은 전자의 질량, ν는 전자의 속도, r은 반지름

〈그림 37〉 전자의 '공전'과 '자전'

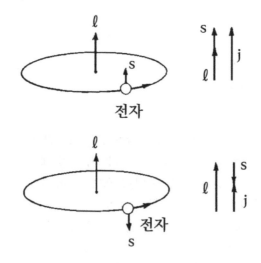

〈그림 38〉 내양자수(j)는 방위양자수(ℓ)와 스핀
양자수(s)의 합 또는 차이다

〈표 3〉 수소 원자의 양자수

주양자수(n)	방위양자수(ℓ)	내양자수(j)
1	0	1/2
2	0	1/2
	1	1/2, 3/2
3	0	1/2
	1	1/2, 3/2
	2	3/2, 5/2
4	0	1/2
	1	1/2, 3/2
	2	3/2, 5/2
	3	5/2, 7/2

처음에는 복잡하고 까다롭지만 자주 써보면 편리하다. 여기서 분광학에 사용되는 전자 궤도를 나타내는 기호를 설명하겠다. n, ℓ, j로 주어지는 궤도는 처음에는 n을 쓰고, 다음에 ℓ을 표와 같은 기호로 쓰고, 끝으로 j를 첨자로 나타낸다. 필요 없을 때는 n 또는 j를 생략해도 된다. 예를 들면 일반적으로 ℓ=1의 궤도를 p궤도, n=3, ℓ=2의 궤도를 3d 궤도라고 적는다(그림 40).

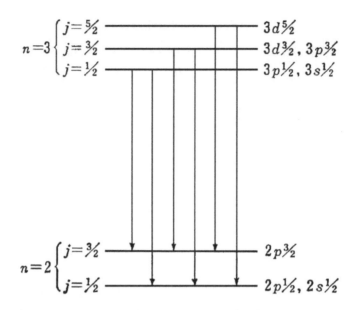

〈그림 39〉 발머 계열의 n=3의 전이. 가로선(준위)은 궤도의 에너지
를 나타내며, 세로의 화살표는 전이를 나타낸다

조금 어려운 얘기였는데 일반적인 원자구조에 대해 말하기 전
에 분광학에 또 하나 중요한 제이만 효과에 대해 얘기해 두겠다.

5.8 제이만 효과가 뜻하는 것

분광 분석을 할 때 광원에 강한 자기장을 걸면 스펙트럼선이
몇 가닥으로 나눠진다. 이것이 **제이만 효과**로서 전세기 말쯤 제
이만이 발견한 현상이다.

이보다 전에 패러데이가 같은 실험을 하였는데, 당시는 자기
장도 약하고 분광기의 분해능도 나빴으므로 아무 일도 일어나지
않았다. 강한 자기장이 얻어지고, 분광기의 분해능도 좋아져 제이

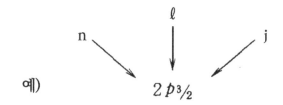

예)

ℓ 은 수치 대신 알파벳으로 다음과 같이 나타낸다

ℓ	0	1	2	3	4	5	6
기호	s	p	d	f	g	h	i

〈그림 40〉 전자 궤도를 나타내는 기호

만은 패러데이가 시도한 실험을 되풀이하여 위대한 발견을 하게 되었다고 한다. 사실은 어떤지 모르지만 위대한 선구자의 실패 속에 연구의 실마리를 찾을 수 있음을 보여 준다.

그런데 제이만 효과에 의해 분기되는 스펙트럼선의 수는 빛을 복사하기 전과 후의 전자 궤도의 내양자수와 관계된다. 내양자수 (j)의 궤도 에너지(준위)는 자기장에 의해 2j+1개의 에너지가 조금 다른 준위로 분기된다. 원래 2j+1준위가 있어 자기장이 없을 때는 그것이 겹친다고 생각해도 된다. 또 제이만 효과에 의해 분기되는 준위수로부터 우리는 실험적으로 궤도의 내양자수 크기를 알 수 있다.

여기서 좀 더 자세히 제이만 효과를 얘기하겠다. 〈그림 41〉같이 자석을 한 방향의 자기장 속에 두면 그 방향에 따라 받는 힘이 달라

96

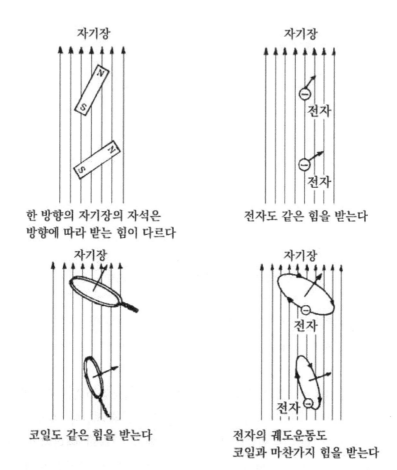

〈그림 41〉 자기장과 전자

진다. 일정한 전류가 흐르는 코일도 자석과 마찬가지로 자기장 속에
서는 코일의 방향에 따라 받는 힘이 달라진다. 전자는 전하를 가지므
로 자기장 속에서 회전운동하면 코일에 전류를 흘렸을 때 같은 힘을
받는다. 이 힘은 궤도각운동량에 비례한다. 또 전자에는 스핀이 있으
므로 자석과 같은 자기적 성질을 가진다. 따라서 한 방향의 자기장

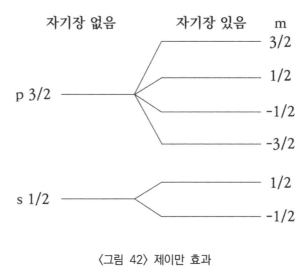

〈그림 42〉 제이만 효과

속에서 전자는 전 각운동량과 그 방향에 따른 힘을 받는다.

내양자수(j)의 준위는 자기장 속에서는 새로운 양자수

m = j, j-1, j-2⋯⋯⋯⋯j+1, -j

로 표시되는 2j+1개의 준위로 분기되어 그 간격은 m에 비례한다. m을 **자기양자수**라고 한다. 예를 들면 j=2/3의 준위는 자기장 중에서는 4개로, j=1/2준위에서는 2개로 분기된다. 그 때문에 자기장이 없을 때는 1개였던 스펙트럼선이 자기장에 의해 몇 개로 나눠져 그 간격은 자기장의 세기에 비례하여 커진다.

5.9 원자의 구조

그럼 이제는 원자의 구조에 대해 생각해 보자. 원자번호 Z의 중성 원자에서는 Z개의 전자가 원자핵 주위를 돈다. 수소 원자

98

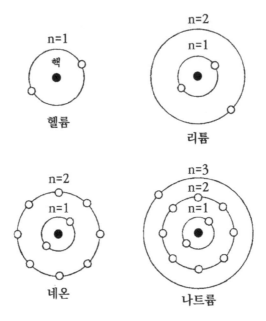

<그림 43> 궤도에 들어가는 전자 수는 한정된다

보다 원자번호가 큰 원자에서는 원자핵의 전하가 크기 때문에 전자가 받는 쿨롱인력은 크다. 만일 전자가 1개라면 전자의 에너지는 원자번호의 제곱에 비례하고, 수소 원자와 마찬가지로 양자수(n)의 제곱에 반비례하는 값이 얻어진다(5장-6 참조). 그러나 원자 내에는 많은 전자가 포함되고, 전자 간에 쿨롱의 반발력이 작용하므로 수소 원자의 경우에 비해 준위의 순서에도 얼마간 차이가 나타난다.

원자 내에 많은 전자가 있는 경우, 하나의 궤도에 들어갈 수 있는 전자 수는 정해져 있다. 제일 에너지가 낮은 n=1 궤도에 모든 전자가 들어갈 수 없으므로 2개의 전자가 들어가기만 하면 만원이 된다. n=2 궤도는 8개의 전자로 만원이 된다. 전자와 같은 소립자는 「양자수로 결정되는 하나의 궤도에는 정해진 수의 전자만이 자리를 잡을 수 있다」는 법칙에 따른다. 이것을 파울리의 배타원리라 한다.

파울리의 배타원리 때문에 궤도가 아래로부터 만원이 되면 순차적으로 위가 채워진다. 원자인 경우, 좌석 수를 결정하는 양자수로서는 주양자수(n)와 내양자수(j)를 고려해야 한다. 제이만 효과에서 보인 것과 같이 내양자수(j)의 궤도는 원래 2j+1의 준위가 있으므로 그만큼 전자가 들어갈 수 있다. 원자번호 2인 헬륨 원자에서는 n=1 궤도에 2개의 전자가 들어가며, 원자번호 3의 리튬 원자의 세 번째 전자는 n=1 궤도에 들어갈 수 없고 그림처럼 다음 궤도에 들어간다. 원자번호가 커짐에 따라 순차적으로 궤도가 채워져 10번의 네온에서는 그림처럼 n=2의 궤도는 만원이 된다(그림 43). 그다음에도 원자번호의 증가와 더불어 순차적으로 n=3, 4………의 전자 궤도가 채워지는데, 주기율표의 주기를 설명하기 위해서도 좀 더 깊이 생각해 보아야겠다.

5.10 화학적인 활성을 좌우하는 이온화 에너지

원자를 어떤 방법으로 이온화하여 이온을 만드는 데 소요되는 최소 에너지를 측정하면 〈그림 44〉 같은 주기성을 나타낸다. 헬륨, 네온, 아르곤 등 희유기체는 이온화 에너지가 크고 리튬, 나트륨, 칼륨 등 알칼리 금속은 작다. 이것은 희유기체는 이온화하기 어렵고, 알칼리 금속은 이온화하기 쉽다는 것을 나타낸다.

이온화 에너지는 구체적으로 말하면, 안정 상태에서 가장 에너지가 높은 전자가 밖으로 튀어나가기 위해 필요한 최소 에너지이다. 희유기체에서는 전자가 들어가 있는 제일 위의 궤도 에

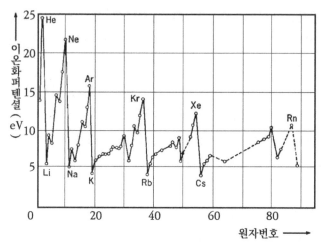

〈그림 44〉 이온화 에너지

너지가 낮고, 알칼리 금속에서는 높다. 이것은 전자가 들어가 있는 희유기체의 제일 위의 궤도와 그다음 궤도의 간격이 크다는 것을 의미한다(그림 45).

화학결합에서는 원자 간에 전자의 교환이 필요하므로 이온화되기 어려운 희유기체는 화학적 성질이 활발하지 않고, 이온화하기 쉬운 알칼리 금속은 대단히 활발하다.

5.11 주기율표와 전자 궤도

원자구조에 대해 얘기해 왔는데 여기서 가까스로 원소의 화학적 성질과 주기율표가 결부된 것 같다.

수소 원자에서는 n값이 변하는 곳에서 궤도에 큰 에너지 간격이 생긴다. 원자번호가 큰 원자라도 수소 원자의 궤도와 같으면 궤도의 전자 좌석 수 n이 1, 2, 3, 4, 5가 되고, 주기율표의 주

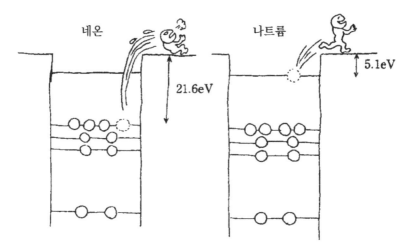

〈그림 45〉 전자가 튀어나가기 쉬운 궤도와 튀어나가기 어려운 궤도

기가 2, 8, 18, 32, 50이 될 것이다. 그런데 주기율표의 주기는 2, 8, 8, 18, 18, 32이므로(5장-1 참조) 제2주기까지는 그렇게 되더라도 제3주기부터는 수소 원자의 궤도와 상당히 달라질 것이다.

제3주기 끝에 있는 아르곤에서는 n=3 궤도가 채워지지 않고, 그것이 전부 채워지는 것은 28번 니켈일 것이다. 여기서는 아르곤처럼 이온화 에너지가 커지지 않는다. n=3의 18좌석이 8과 10의 둘로 나뉘져 그 간격이 커져 n=3과 n=4의 간격 정도로 되었다고 생각한다. 그 때문에 n=3의 앞부분에 있는 8이 한 주기가 되고, 나머지 10과 n=4의 앞부분에 있는 8이 다음 주기를 형성한다. 이리하여 18번의 아르곤과 36번의 크립톤이 비활성 희유기체가 되는 것이다. n이 큰 곳에서는 이러한 조합이 바뀌어 주기가 2, 8, 8, 18, 18……이 되었다고 생각된다(그림 46).

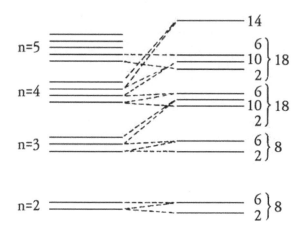

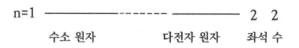

〈그림 46〉 전자 궤도와 전자의 좌석 수

주기율표의 주기에 대해 좀 더 자세하게 설명하겠다. 수소 원자의 전자 궤도의 에너지는 먼저 주양자수(n)로 나눠지고, 다음에 내양자수 (j)로 근소한 차가 생긴다. 전자 수가 많아지면 전자 간에 영향이 나타나 궤도각운동량 간에 작용하는 힘 때문에 방위양자수(ℓ)의 크기에 의한 에너지의 차가 내양자수(j)와의 차보다 커진다. ℓ이 큰 것에서 는 이것이 주양자수(n)와 다음 n+1의 에너지 간격보다 커져버린다.

전자 궤도 에너지의 대략적인 상태를 보면 〈그림 47〉처럼 된다.

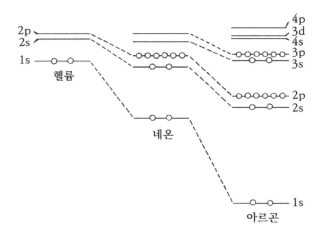

〈그림 47〉 에너지가 낮은 궤도로부터 순차적으로 전자가
채워진다

아르곤 위쪽 준위에 주목하면 3d가 3s와 3p에서 떨어져 4s의 위쪽
에 가버린다. 그 때문에 3s와 3p가 채워지면 희유기체가 되고, 다음
칼륨은 4s에 전자가 1개 들어간다. 3d, 4s, 4p는 근접해 있고, 4d,
4f는 떨어졌으므로 3d, 4s 4p가 전부 채워지면 〈그림 48〉처럼 희
유기체의 크립톤이 된다. 전자가 들어갈 수 있는 좌석은 $2(2\ell+1)$로
주어지므로 s궤도($\ell=0$)는 2, p궤도($\ell=1$)는 6, d궤도($\ell=2$)는 10
이다. 따라서 3d, 4s, 4p를 합쳐 18이 된다. 이렇게 군데군데 에너
지에 갭이 생긴다. 갭과 갭 사이의 궤도 에너지는 접근되었고, 이것
을 **껍질**이라 한다. 껍질이 전자로 채워지면 희유기체가 된다.

지금까지 얘기해 온 것에서 전자 궤도와 주기율표에 관한 다음과
같은 중요한 결론을 얻을 수 있다. 껍질이 채워지는 것은 s궤도와 p
궤도가 채워질 때인데, 희유기체가 나타난다. 껍질에 전자가 하나 부
족할 때가 할로겐이며, 원자가는 마이너스의 1가가 된다. 껍질에 전
자가 1개 더해지면 알칼리 원소가 되고, 그 원자가는 1이다. 2개의

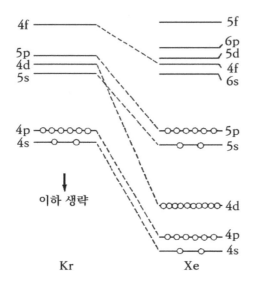

〈그림 48〉 전자 궤도의 에너지와 전자
n=1, 2, 3의 준위는 생략하였다

전자가 더해지면 2가의 알칼리 토금속이 된다. 마이너스 1가의 할로
겐과 1가의 알칼리는 1 대 1로 화합하기 쉽다. 전자가 2개 부족한 산
소는 마이너스 2가, 3개 부족한 질소는 3가이며, 껍질의 전자 수와
원자가가 대응된다.

다음에 이온화 에너지에 대해 보면 껍질이 채워지면 크고, 그다음
알칼리 금속에서 작아진다는 것을 알 수 있다.

다음에 전이금속에 대해 생각해 보자. 여기에는 주기율표의 가로에
비슷한 금속 원소가 배열된 곳인데, 여기가 마침 d궤도에 전자가 채
워지는 곳이다. 이 근방에서는 반드시 에너지가 위인 궤도가 바깥 궤
도라고 할 수는 없다. 〈그림 49〉에서도 알 수 있는 것 같이 3d 궤
도보다 4s, 4p가 바깥쪽에 있다. 화학결합에는 바깥쪽 전자가 관계
되므로 전이금속에 비교적 성질이 비슷한 것이 가로로 배열된다.

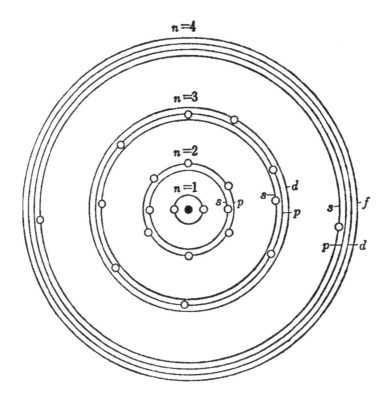

〈그림 49〉 전자 궤도와 전자의 수(전자 궤도는 타원으로 나타내
는 일이 많지만, 타원을 그리는 방식에 여러 가지 문
제가 있으므로 여기서는 동심원으로 나타냈다)

〈그림 48〉의 크립톤 위쪽에 4f 궤도가 있다. 여기에 전자가 채워
질 때에 나타나는 것이 희토류 원소이다. 4f 궤도(ℓ =3)의 전자 자리
는 14이며, 란타넘을 제외한 희토류 원소는 14개이다. 희토류 원소
는 전이금속 이상으로 화학적 성질이 비슷하다. 이것은 바깥쪽의 5s,
5p, 6s 궤도에 전자가 들어가 있기 때문이다. 다음 5f 궤도에서도
마찬가지여서 원자번호 89의 악티늄에서 초우라늄에 걸쳐 5f 궤도를
채우는 악티니드의 원소가 나타난다.

s		d	f														
1 H																	
3 Li	4 Be																
11 Na	12 Mg																
19 K	20 Ca	21 Sc															
37 Rb	38 Sr	39 Y															
55 Cs	56 Ba	57 La	58 Ce	59 Pr	60 Nd	61 Pm	62 Sm	63 Eu	64 Gd	65 Tb	66 Dy	67 Ho	68 Er	69 Tm	70 Yb	71 Lu	
87 Fr	88 Ra	89 Ac	90 Th	91 Pa	92 U	93 Np	94 Pu	95 Am	96 Cm	97 Bk	98 Cf	99 Es	100 Fm	101 Md	102 No	103 Lr	

〈그림 50〉 초장주기의 주기율표

원자의 전자 궤도에 대해 설명하게 되면 장주기의 주기율표가 원자구조와 결부되어 원자의 성질을 보다 더 잘 설명하는 것을 알 수 있다. 또 희토류 원소를 한 칸에 넣는 것은 불합리하고, 전이금속과 마찬가지로 자리를 차지할 권리가 있는 것 같이 생각된다. 그 때문에 주기율표가 더욱 가로로 길어져 불편하게 되는데 〈그림 50〉처럼 스칸듐과 티타늄 사이를 갈라 희토류 원소를 넣은 편이 원자구조와 결부시켜 합리적이라고 생각된다.

주기율표를 어떻게 그리든 지금은 주기율표에 실린 모든 원소의 전자 궤도가 결정되었고, 원소의 화학적 성질과 주기성을 원자구조와 관련시켜 설명할 수 있게 되었다. 이것은 금세기가 되어 이룩된 큰 성과이다. 그러나 유감스럽게도 단체의 녹는점, 끓는 점, 경도 등 이른바 원소의 물리적 성질을 원자구조로부터 설명하기는 어렵다. 원자물리학의 성과인 원자구조론에 의해 원소의 화학적 성질을 설명할 수 있어도 물리적 성질을 간단하게

d								p					
													2 He
								5 B	6 C	7 N	8 O	9 F	10 Ne
								13 Al	14 Si	15 P	16 S	17 Cl	18 Ar
22 Ti	23 V	24 Cr	25 Mn	26 Fe	27 Co	28 Ni	29 Cu	30 Zn	31 Ga	32 Ge	33 As	34 Se	35 Br	36 Kr
40 Zr	41 Nb	42 Mo	43 Tc	44 Ru	45 Rh	46 Pd	47 Ag	48 Cd	49 In	50 Sn	51 Sb	52 Te	53 I	54 Xe
72 Hf	73 Ta	74 W	75 Re	76 Os	77 Ir	78 Pt	79 Au	80 Hg	81 Tl	82 Pb	83 Bi	84 Po	85 At	86 Rn
104	105	106												

설명할 수 없다는 것은 역설적이다. 원소에 대하여 깊이 이해하기 위해서는 원자에 관해 더 갖가지 면을 검토해야 한다. 다음 장에서는 원자의 크기부터 얘기하겠다.

제6장

원자를 보려는 노력

6.1 원자는 실재하는가?

배율이 큰 현미경으로 아무리 확대해 보아도 원자는 말할 것도 없고, 분자도 볼 수 없다. 또 현미경보다 배율이 높은 10만 배의 전자현미경을 써도 아직은 원자의 모습을 보기 어렵다.

10만 배로 확대하면 우리 눈으로 0.1mm짜리를 식별할 수 있다고 하자. 그때 볼 수 있는 크기는 1,000만 분의 1cm(10^{-7}cm) 정도이다.

10만 배 정도의 전자현미경으로 물 분자 같은 분자도, 원자도 아직 볼 수 없지만 거대한 유기 분자는 이런 정도의 배율이면 그 모습이 드러나기 시작한다. 그 모습은 매우 이상하다.

그러나 전자현미경으로 원자를 보려는 노력은 끊임없이 계속되어, 현재 가까스로 큰 원자 비슷한 모습을 보는 데까지 왔다. 흐릿한 모습이긴 하지만…….

그리고 얼핏 보아 연속된 것 같이 보이는 물질이 실은 비연속적이라는 것은 몇 가지 실험 사실에 의해 나타나 간접적이긴 하지만 원자가 실재하는 증거라고 생각되고 있다.

6.2 X선으로 원자 간의 거리를 잰다

방해석은 언제나 평행한 면으로 규칙적으로 쪼갤 수 있다. 운모판은 몇 껍질씩이나 벗길 수 있어 엷은 운모박을 만들 수 있다. 이것은 결정면에 따른 균열이다. 이와 마찬가지로 우리는 X선 회절에 의해 하나하나의 원자를 볼 수는 없으나, 원자가 배열된 결정면의 방향과 원자의 간격을 알 수 있다.

빛은 전자기파이며, X선도 빛보다 파장이 짧은 전자기파이다. 빛의 간섭현상, 즉 광파의 산과 산이 만나는 곳에서 밝아지고,

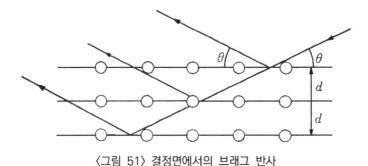

〈그림 51〉 결정면에서의 브래그 반사

산과 골짜기가 만나는 곳에 상쇄되어 어두워지는 현상을 볼 수 있는 것 같이 X선에서도 간섭이 일어난다. X선은 파장이 짧으므로 빛에 비해 훨씬 좁은 간격에서 간섭이 일어난다.

X선을 〈그림 51〉처럼 경사지게 결정면에 입사시켜, X선의 파장(λ)과 입사각(θ), 결정면의 결정(원자 간의 거리, d)과의 사이에 다음 관계가 있을 때 X선은 반사된다.

$$2d\sin\theta = n\lambda$$

n은 정의 정수이다. 이것이 **브래그 반사의 법칙**이다. X선의 파장이 결정면의 간격 정도의 길이이기 때문에 마침 이러한 반사가 일어난다.

결정 내에서 결정면을 취하는 방법에는 여러 가지가 있는데, d는 그중 어디를 취해도 상관없다. X선 파장이 알려졌을 때, 이 반사의 법칙으로 결정면의 거리가 정확하게 측정된다. 식염 결정은 정육면체 결정으로 원자 간 거리는 2.8Å(2.8×10^{-7}㎜), 앞에서 얘기한 방해석은 3.0Å이다.

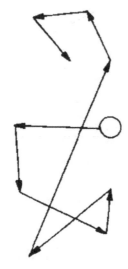

〈그림 52〉 브라운 운동

6.3 분자운동을 나타내는 브라운 운동

녹말가루 입자 같은 대단히 작은 꽃가루를 액체 위에 뿌리고 배율이 큰 현미경으로 보면 미립자 하나하나를 볼 수 있다. 현미경으로 보는 액체 위에 뜬 입자는 정지하지 않고 지그재그 운동을 한다. 때로는 크고, 때로는 작게 그 방향도 크기도 아주 제멋대로 운동한다. 이 현상을 발견한 브라운의 이름을 따서 **브라운 운동**이라 부른다.

브라운 운동은 수학의 확률론에서도 흥미 있는 문제가 되었는데, 이 운동의 원인도 재미있다. 만일 액체가 완전한 '연속적인 물질'이라면 이러한 운동은 일어나지 않는다. 조용한 호수에 뜨는 부표는 천천히 흐르는 일은 있어도 브라운 운동처럼 빠른 지그재그 운동을 하지 않는다.

액체 중의 미립자는 어떻게 되는가. 액체 중에서는 결정처럼

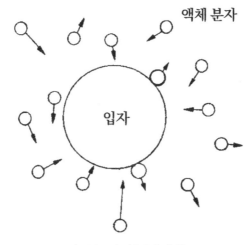

액체 분자

입자

〈그림 53〉 분자의 충돌

정연하게 분자가 배열되지 않고, 자유롭게 운동한다고 생각하면 설명된다. 액체 중에 뜬 미립자에는 그보다 훨씬 작은 액체 분자가 사방에서 충돌한다. 액체 분자의 운동 속도는 일정하지 않고 어느 정도 확대된다. 대부분의 분자는 평균 정도의 속도를 가졌으므로, 그런 분자에 사방으로 충돌되는 동안에 미립자는 눈에 띄는 운동을 하지 않는다. 그러나 분자 중에는 근소하지만 평균 속도의 몇 배 되는 속도를 가진 분자가 있다. 이 빠른 분자가 미립자에 충돌하면 미립자는 크게 운동한다. 빠른 분자가 언제 어디서 오는가는 전혀 제멋대로이다. 이것이 미립자의 지그재그 운동으로 관측된다.

우리는 분자운동을 볼 수 없으나, 현미경으로 볼 수 있는 미립자의 브라운 운동은 간접적으로 분자의 존재와 그 운동을 나타낸다고 할 수 있겠다.

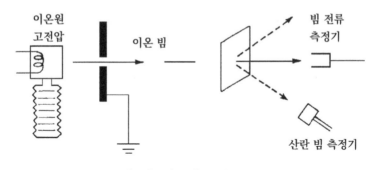

〈그림 54〉 이온 빔의 산란

6.4 이온을 입자로 본다

어떤 기체에 전자를 충돌시키면 기체 분자는 이온화된다. 이 이온을 진공 중에서 고전압을 걸어 가속하면 이온 빔이 된다. 이 이온 빔은 전류로 측정된다. 1마이크로 암페어의 이온 전류를 만드는 것은 기술적으로 어렵지 않다.

기체는 우리 감각으로는 변함없는 연속물질이며, 전류도 연속적이다. 이온 전류를 작게 하여 1만 분의 1마이크로 암페어 정도가 되게 해도 우리는 이온 전류를 '연속적'이라고 감지한다. 그러나 특별한 방법으로 매우 일부의 이온 전류를 꺼내면 모양이 일변한다.

수소 기체를 이온화하여 수백만 볼트의 고전압으로 가속하면 에너지가 높은 수소의 이온 빔을 만들 수 있다. 이 수백만 볼트의 이온 빔은 가정에서 쓰이는 얇은 알루미늄박을 통과하는데, 이온 빔이 박을 통과할 때 극히 일부분이기는 하지만 박에서 산란하여 방향을 바꾼다.

이 산란된 빔은 대단히 감도가 좋은 전류계라도 측정할 수 없고, 이것을 측정하기 위해서는 방사선 측정기가 필요하다. 더욱이 이 산란된 이온은 연속적이 아니고 방사선 측정기에 의해 하나, 둘로 셀 수 있게 측정된다. 원래 이온 빔은 전류로 측정되는 연속적인 흐름인데, 그 일부를 꺼내서 보면 입자의 성질을 나타낸다.

6.5 정렬한 원자의 그늘을 보는 전계이온현미경

전자현미경보다 조금 배율이 큰 현미경으로 전계이온현미경이라 불리는 것이 있다. 이것은 뮐러에 의해 발명된 현미경인데, 그 원리는 이온의 산란을 이용한 것으로 아주 간단하다.

진공 용기 속에 끝이 뾰족한 바늘과 이온이 닿으면 빛을 발하는 형광스크린을 장치한다. 이 진공 용기 속에는 극히 미량의 헬륨 기체가 들어 있고, 바늘과 스크린 사이에 전압을 걸면 헬륨 원자는 바늘 끝에 충돌하여 이온화한다. 이 이온은 바늘과 스크린 사이에서 가속되어 스크린에 닿으면 빛을 발한다. 바늘의 끝은 세밀히 보면 울퉁불퉁할 것이다. 표면이 뾰족한 곳과 패인 곳에서는 이온화율이 다르므로 뾰족한 끝부분의 모습이 확대되어 스크린에 비친다.

이 확대율은 대단히 커서 약 100만 배나 된다. 이것으로 2.7 Å(2.7×10^{-7}㎜)이나 되는 작은 것까지 보는 데 성공하였다. 이것은 원자의 크기에 가깝고, 텅스텐 원자가 촬영되었다. 이 장체에 의해 바늘 끝의 금속 결정 연구가 진행되어, 아름다운 결정 사진은 정렬한 몇 개의 원자 그늘이라 생각된다. 전계이온현미경으로 찍은 사진을 개개의 원자상이라 할 수 있는지는 문제이지만, 몇 개의 원자가 배열된 것을 그 방향으로 본 상이라고 할 수 있는 것이다.

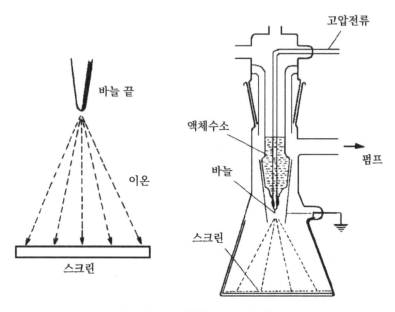

〈그림 55〉 전계이온현미경의 원리와 구조

6.6 전자현미경의 한계는 3옹스트롬

광학현미경의 배율은 가시광선의 파장 이상만을 볼 수 있다는 제약 때문에 겨우 몇천 배까지가 한계이다. 그래서 배율을 크게 하기 위해 빛 대신 전자를 쓴 것이 전자현미경이다. 전자를 가속하여 시료에 대서 렌즈 대신 전기장 또는 자기장을 사용한 전자렌즈에 의해 확대하여 그 상을 사진건판에 촬영한다. 그 배율은 보통 10만 배 정도이다. 전자현미경으로 찍은 사진을 확대시켜 30만 배까지 확대해서 볼 수 있는데, 이 정도가 전자현미경의 한계라고 한다. 눈의 해상력은 약 0.1㎜이므로 전자현미경의 한계는 약 300만 분의 1㎜($3Å=3 \times 10^{-7}㎜$)이다. 이것은 앞에서 얘기한 전계이온현미경과 거의 같다.

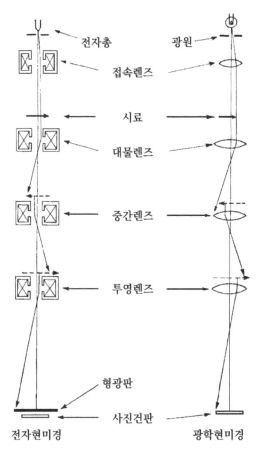

전자총
광원
접속렌즈
시료
대물렌즈
중간렌즈
투영렌즈
형광판
사진건판
전자현미경
광학현미경

〈그림 56〉 전자현미경의 원리

　원자의 크기는 대략 이 정도이므로 전자현미경으로 원자를 본다는 것이 결코 불가능하지 않을 것이라 하여 그에 대한 노력이 이루어졌다. 그러나 잘 생각해 보면 원자 하나하나를 본다는 것은 대단히 어려운 일인 것이다.

　첫째로, 원자를 하나하나 따로 배열시키는 일이 어렵다. 현미경으로 무엇을 볼 때 시료를 투명하고 얇은 유리판에 놓는다. 전자현미경에서는 시료를 아주 얇은 지지막에 놓는다. 그러나 어떤 막이든 그것은 원자로 만들어졌다. 시료의 원자막이 상으로 보이고 지지막의 원자상은 비치지 않게 할 방법이 필요하다.

둘째로, 가속된 전자가 원자에 충돌되면 그 전자가 부딪친 힘에 의해 원자가 이동한다. 어떻게든 원자가 움직이지 않게 해야 한다.

이런 문제가 해결되었다고 해도 과연 원자가 보일까. 원자 속에 있는 원자핵은 대단히 작고, 그 주위를 도는 전자 사이는 텅텅 비었다. 에너지가 높은 전자는 원자를 지나쳐 원자핵과 전자가 가진 전기장 때문에 조금 방향이 바뀔 정도일지 모른다.

광학현미경으로 어떻게 물체를 볼 수 있는가. 광학현미경으로는 투과광을 보게 되므로 빛을 흡수하는 것은 검게 보이고, 유리조각처럼 빛을 투과, 굴절하는 것은 어느 때는 검게, 어느 때는 빛나게 보인다.

전자현미경에서도 전자를 흡수한 것은 검게, 투과하는 것은 희게 비친다. 전자를 굴절하는 것은 어느 때는 희게, 어느 때는 검게 비칠 것이다. 굴절된 전자만을 통과하게 하고, 굴절되지 않고 곧바로 오는 전자를 차단하면 원자상이 희게 비칠 것이다. 그렇더라도 원자의 크기는 전자현미경이 가진 해상력의 한계에 가깝기 때문에 희미한 점 이상은 기대할 수 없다고 한다.

6.7 원자 수를 헤아린다

원자는 실존하며, 그 크기는 약 3Å임이 밝혀졌다. 그럼 물질 중에 얼마만 한 수의 원자가 포함되었는가.

흑연 덩어리 12g을 예로 들자. 흑연은 탄소의 결정이다. 비중
은 2.2이므로 12g의 흑연은 1.8㎝ 각이다. 이것을 $3Å^3$의 작은
조각으로 나눠 보자. 1.8㎝를 6,000만(6×10^7)으로 분할하므로
그 소입방체는 $(6 \times 10^7)^3 \approx 2 \times 10^{23}$개가 된다. 이 소입방체 속에
대개 원자가 1개씩 들어 있을 것이다. 이것은 1조의 1조 배에
가까운 엄청난 수이다.

다음 장에서 얘기하는 원자량에 그램을 붙여 나타냈을 때 이
것을 1개의 단위로서 1몰이라 한다. 수소 1.008g, 탄소
12.011g, 산소 15.999g이 **1몰**이다. 1몰 중의 원자 수는 일정하
므로 그 수로 원자 수를 나타낸다. 그 값은 정확하게는

$$6.02 \times 10^{23}$$

이며, **아보가드로수**라고 불린다. 여기서 수소 원자의 질량은
1.67×10^{-24}g, 탄소 원자의 질량은 2.0×10^{-23}g이며, 제일 무거
운 우라늄 원자라도 4.0×10^{-22}g에 불과하다.

이렇게 원자는 작고, 물질은 대단히 많은 원자로 구성되어 있
는 것이다.

제7장

원자의 질량을 측정한다

122

7.1 원자질량은 양성자, 중성자, 전자의 합보다 작다

원자처럼 작은 것의 질량은 보통 저울로 잴 수 없다. 그러나 우리는 현재 원자의 질량을 아주 정확하게 알고 있다.

원자질량은 대단히 작고, 보통의 그램 단위로 재면 단위와 너무 차이가 나므로 다른 단위가 쓰인다. 그러기 위해서는 질량수 1의 수소 원자를 단위로 하면 되는데, 측정에 편리하도록 탄소의 동위원소 ^{12}C의 질량을 12로 하고 핵종별로 원자의 질량이 정밀하게 정해져 있다. 이것을 **원자질량** 또는 핵종질량이라 부르고, 이 단위를 원자질량단위라고 부른다.

그런데 원자를 구성하는 양성자수, 중성자수 및 전자 수에 각각 질량을 곱하여 더해도 이 원자질량과 같아지지 않는다. 근소하지만 원자질량은 그 값보다 작다. 이것은 다음에 얘기하는 것처럼 중요한 의미를 가진다.

7.2 결합 에너지—음의 질량

금세기 초 아인슈타인은 유명한 상대성이론을 발표하였다. 그 이론에 의하면 에너지와 질량은 동등하며, 둘의 관계는 유명한 아인슈타인의 식

$$E = mc^2$$

으로 표시된다. E는 에너지, m은 질량, c는 광속도이다. 아인슈타인의 식은 에너지가 질량으로 또는 질량이 에너지로 변할 가능성을 나타낸다. 그러므로 그때까지 오랫동안 믿어졌던 에너지의 보존 법칙과 질량 보존의 법칙이 따로따로 성립되지 않게 되고, 에너지와 아인슈타인의 식으로 주어진 질량에 상당하는 에너

〈그림 57〉 원자질량은 ^{12}C를 기준으로 한다

지의 합이 보존되게 된다.

앞에서 얘기한 원자핵에서는 양성자와 중성자가 핵력이라 불리는 아주 강한 인력으로 결합된다. 결합된 것을 떼어놓기 위해서는 힘―바꿔 말하면 에너지가 필요하다. 강한 자석으로 끌리는 쇳조각을 떼어내기 위해서는 큰 힘이 필요하며, 에너지를 가함으로써 비로소 쇳조각은 자유롭게 움직이게 된다.

자유롭게 움직일 가능성을 가진 속도 0의 상태를 0에너지라고 하면, 속박되지 않고 운동하는 상태인 에너지는 플러스의 값을 가진다. 한편 결합된 상태(속박되어 있는 상태)는 에너지를 가해야 비로소 에너지가 0인 상태, 즉 자유롭게 움직일 가능성을 갖는 속도 0의 상태가 되므로 에너지가 마이너스의 값이 되어야 한다. 앞에서 얘기한 아인슈타인의 식보다 에너지가 마이너스면 그에 상당하는 질량도 마이너스가 된다. 원자핵에서는 중성자와 양

〈그림 58〉 에너지와 질량은 같다

성자가 강한 힘으로 결합되기 때문에, 원자질량은 중성자, 양성자 및 전자의 질량을 그 구성 수만큼 더한 것의 결합력에 상당하는 마이너스의 질량이 더해진다. 이 때문에 원자질량은 전 구성입자의 질량의 합보다 작다.

사실 원자질량을 측정하면 그것을 구성하는 구성입자의 질량의 합보다 작다는 것을 알 수 있다. 이 부족분이 결합 에너지이다. 원자가 결합되어 구성된 분자에서는 이러한 질량 부족은 문제가 되지 않고, 그 질량은 원자질량의 합으로 표시된다. 이것은 원자끼리의 결합 에너지가 작고, 분자의 경우 질량 감소는 무시될 수 있을 만큼 작기 때문이다. 이렇게 원자질량은 화학과 물리학의 기본량일 뿐만 아니라 원자핵의 결합 에너지도 나타낸다. 그 때문에 원자질량의 정밀 측정은 특히 중요한 의의를 갖는다.

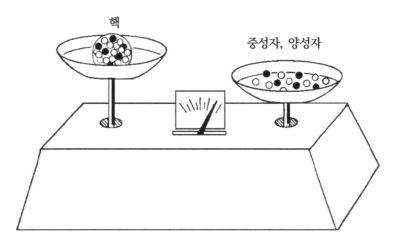

〈그림 59〉 원자핵의 질량은 중성자와 양성자의 질량의 합보다 작다

7.3 전자기장, 자기장 중의 이온운동

원자 같은 대단히 작은 것의 질량은 어떻게 측정하는가. 원자 질량의 기준에 사용되는 ^{12}C는 겨우 1조 분의 1의 500억 분의 1g(2×10^{-23}g)이다. 그런데 원자에서 전자를 1개 떼어내어 이온화하면 원자는 전기장과 자기장에서 힘을 받는다. 이것을 이용하여 원자질량을 측정할 수 있다.

알다시피 전류는 전기장 및 자기장에서 힘을 받는다. 전류는 전자의 흐름인데, 이것은 전자의 흐름은 전기장과 자기장에서 힘을 받는다는 것을 의미한다. 양전하를 가진 이온도 전자처럼 전기장과 자기장 속에서 힘을 받는다.

진공 속을 이온이 일정 속도로 운동할 때, 외부로부터 이온의 진행 방향에 수직하게 한 방향의 자기장을 작용시키면 이온은 자기장에 의해 힘을 받아 원운동을 한다. 또 전기장 중에 이온을 통과시키면 역시 힘을 받는다. 이것은 쿨롱의 법칙으로, 같은

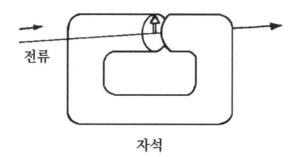

전류는 자기장에서 힘을 받는다

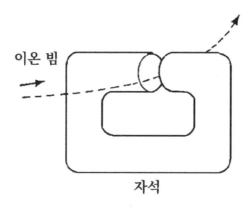

〈그림 60〉 자기장 중의 전류와 이온 빔

종은 반발하고 다른 종의 전하는 끌어당기므로 이온의 진행 방향이 변한다.

이 원리를 이용하여 빛의 분광기처럼 이온분석기를 만들 수 있다. 분광기는 파장이 다른 빛을 나누는 프리즘과 밝은 스펙트럼선을 만들기 위한 접속성을 가진 렌즈로 조립되는데, 이온분석기는 2개의 동심원을 가진 원호상 전극을 사용한다. 이 전극 사이에 이온을 통과시키면 〈그림 64〉처럼 한 점에서 나온 같은 에너지를 가진 이온이 한 점에 모이고, 에너지가 조금 다른 것, 또

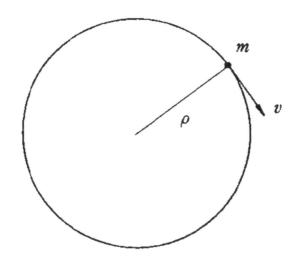

〈그림 61〉 지면에 수직한 자기장이 있고, 그에 수직한 방향으로 운동하는 이온
은 자기장의 힘을 받아 원운동한다. 자기장의 세기를 B, 이온의 질
량을 m, 속도를 v, 전하를 e, 이온의 궤도반지름을 ρ라 하면 이들
사이에는 다음과 같은 관계가 있다

$$eB\rho = mv$$

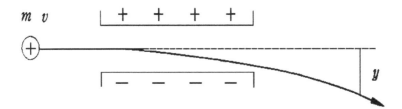

〈그림 62〉 양이온은 마이너스의 전극 쪽에 끌린다. 이온의 에너지를 ε, 전
하를 e, 질량을 m, 속도를 v라 하고, 전기장의 세기를 E라고
하면, 일정한 곳에서의 변위(y)는 $y \propto \dfrac{eE}{\epsilon} = \dfrac{2eE}{mv^2}$ 이다

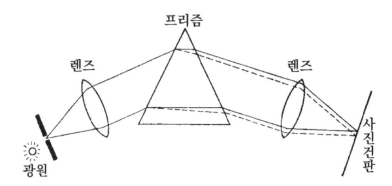

〈그림 63〉 분광기. 프리즘으로 파장이 다른 빛을 나눠 렌즈로 사진건판의
상에 집속시킨다

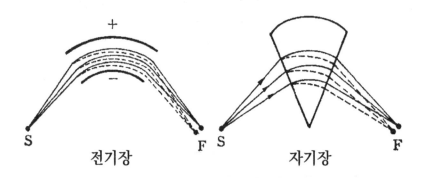

〈그림 64〉 전기장과 자기장에 의한 이온분광기. 동심원호상의 전극에 전압을
걸어 S에서 나온 이온을 F로 집속시키는 동시에 속도와 질량이 다
른 이온으로 나눈다. 부채꼴의 한 방향의 자기장도 집속성을 갖고
속도와 질량이 다른 이온을 나눈다

는 질량이 조금 다른 것은 근처에 모인다.

자기장을 쓰는 경우도 〈그림 64〉 같은 부채꼴로 된 자극으로
지면에 수직한 한 방향의 자기장을 만들면 집속성을 갖게 할 수

있다. 속도 또는 질량이 조금 다른 이온은 같은 점에서 출발하여 조금 떨어진 곳에 모인다.

7.4 놀랄 만한 정밀도를 가진 질량분석기

이러한 전기장 또는 자기장을 사용하면 분광기의 프리즘과 렌즈 역할을 하나로 할 수 있다. 그러나 이온 속도와 질량이 다르면 집속점이 변하므로 질량만 관계하게 하면 이상적이다. 적당한 전기장과 자기장을 조합시켜 이온 속도에 관계없이 질량이 다른 이온을 다른 곳에 집속시키는 장치가 만들어졌다. 이것을 질량분석기라고 한다.

전기장과 자기장을 조합시킨 질량분석기에는 여러 가지 형이 있는데, 원리는 모두 같다. 이온원으로 이온을 만들어, 그 이온을 수천 볼트로 가속한다. 가속된 이온을 먼저 전기장으로 휘게 하고 한 번 접속시키고 나서 다음에 자기장 속을 통과시켜 다시 접속시킨다.

전기장을 통과시킨 뒤 속도의 차이로 접속점이 어긋난 이온은 자기장으로 상쇄되어 사진건판의 같은 점에 모인다. 그러나 질량의 차이는 상쇄되지 않고 질량이 다른 이온은 건판상의 다른 곳에 집속된다.

^{12}C는 질량 기준이며, ^{1}H도 정밀하게 측정되었다. 탄소와 수소 화합물은 CH, CH_2, C_2H_2 등 C_nH_m으로 나타낼 수 있는 거의 모든 조합의 분자를 만들 수 있다. 따라서 측정하려는 핵종과 그와 같은 질량수에 상당하는 C_nH_m 분자와의 질량 차를 측정하면 그 핵종의 원자질량이 정확하게 결정된다.

이렇게 하여 측정된 원자질량은 정밀도가 높고, 예를 들면

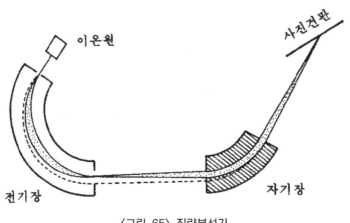

이온원

사진건판

전기장

자기장

〈그림 65〉 질량분석기

^{16}O은 원자질량단위로

  15.9949150 ± 0.0000002

이다. 이것은 유효숫자가 9자리인 놀란 만한 정밀도이다.

7.5 원자량과 원자질량의 차이

  여기까지 얘기한 것으로 「원자질량」이 보통 화학에서 사용되는 「원자량」과 어떻게 다른가 하는 의심을 가질지도 모른다. 10년도 더 전에 화학을 배운 사람은 「원자량에는 화학적 원자량과 물리적 원자량이 있고, 화학적 원자량은 산소의 원자량을 16으로 하여 정한 양이며, 물리적 원자량은 산소의 동위원소 ^{16}O을 16으로 하여 정한 양이다」라고 들었을 것이다.

  전세기에 돌턴이 처음으로 수소를 1로 하여 원소의 원자량을 구하였는데, 돌턴의 원자량은 정수였다. 제대로 된 원자량은 그 후 베르셀리우스에 의해 비로소 구해졌다고 해야 한다. 그 후

산소의 원자량을 16으로 하여 많은 원소의 원자량이 측정되었
고, 1960년대 초까지 모든 원소의 원자량이 결정되었다. 즉 원
자량은 원래 산소 16g과 화합하는 원소량의 '공약수'로서 화학
적으로 측정되었다. 그런데 원소에는 몇 개인가 동위원소(2장-6
참조)가 있으므로 각각의 원자질량은 원자량과 약간 다르다. 그
때문에 산소의 동위원소인 ^{16}O의 질량을 16으로 하여 질량분석
기에 의해 원자질량(원자의 동위원소마다의 질량)을 측정하게 되
었다. 이것이 **물리적 원자량**이다. 이에 대응하여 원소별 원자량은
화학적 원자량이라 불렸다. 1960년대가 되자 이 두 기준을 고치
고 앞에서 얘기한 ^{12}C를 12라고 하는 단위로 통일했다. 그리고
물리적 원자량은 원자질량이라 불리게 되고, 화학적 원자량은 단
지 원자량이라고 불리게 되었다.

새로운 단위로 측정한 원자량은 다음과 같다. 천연의 산소에
는 질량수 16, 17, 18의 3종의 동위원소가 있다. 그들의 혼합
비율은 어디서도 거의 같고, 이 비율(전체를 100으로 하는 원자
수의 비)을 동위원소의 존재비율이라고 한다. 이 산소의 동위원
소의 원자질량과 존재비율은 다음과 같다.

^{16}O	15.9949150	99.759 %
^{17}O	16.9991333	0.037 %
^{18}O	17.9991599	0.204 %
평균	15.9993752	

이 존재비율에 의한 평균이 원자량이며, 이 값은 거의 16이
된다. 오래된 단위와는 0.0006의 차이가 난다. 이렇게 이전의
기준이 된 산소의 원자량이 거의 변화가 없으므로 다른 모든 원

〈그림 66〉 원자량과 원자질량

소의 원자량도 새로운 단위가 되었어도 거의 변함이 없다. 예전에 화학적으로 측정된 원자량도 최근에는 원자질량과 동위원소의 존재비율로부터 구해진다.

7.6 동위원소의 존재비율은 불변

톰슨이 동위원소를 발견할 때까지는 한 원소, 즉 주기율표의 한 칸에 한 종류의 원자만 대응한다고 생각했다. 그러므로 주기율표의 한 칸에 몇 종류의 원자가 부합됨은 놀랄 만한 사실이었다. 예를 들면 질량이 조금 달라도 화학적 성질에 다소의 영향을 미치지 않는다고 할 수 없고, 오랫동안 몇 번인가 화학적 반응을 반복하는 동안에 존재비율 자체가 변할 것이다. 그 후 차례차례 많은 원소에 동위원소가 존재함이 밝혀졌는데, 이 동위원소의 존재비율이 장소에 따라, 시간에 따라 변화하면 원자량은 일정하다고 할 수 없게 되어 그때까지의 화학에 큰 혼란을 일으킬 염려가 생겼다.

한편에서는 동위원소의 발견이 그때까지 오랫동안 이해할 수 없었던 불가사의한 사실을 단번에 해결해버렸다. 예를 들면 대표적인 가벼운 원소의 원자량은

H 1.0080

He 4.0026

C 12.011

N 14.0067

O 15.9994

이다. 무거운 원소가 되면 점차 정수에서 벗어나지만, 가벼운 원소는 이렇게 정수에 가까운 값을 나타낸다. 그러나 염소(Cl)의 35.453과 같이 반정수에 가까운 값을 나타내는 것이 소수이지만 존재한다. 이것이 프라우트의 가설(4장-2 참조)이 성립되지 않게 된 원인이었다. 그런데 염소에도 동위원소가 발견되었다. 그 질량수는 35와 37로서 원자질량과 존재비율은 다음과 같다.

^{35}Cl 34.98 ······ 75.4%

^{37}Cl 36.97 ······ 24.6%

이리하여 염소의 원자질량은 정수에 가까운 값이며, 동위원소 발견에 의해 모든 원자질량은 정수에 가까운 값이 되었다.

동위원소가 발견된 무렵, 중성자는 아직 발견되지 않았으므로

134

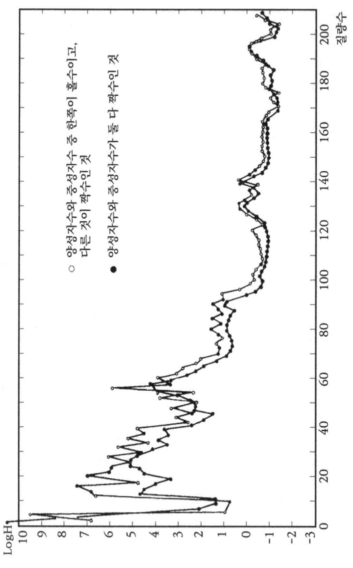

〈그림 67〉 핵종의 존재비율(H는 핵종의 존재비율을 나타낸다)

원자핵은 양성자와 전자로 구성된다고 생각했다. 이 생각에 의해서 질량수를 A, 원자번호를 Z라고 하면 원자핵은 A개의 양성자와 A−Z개의 전자로 구성된다. 이 밖에 Z개의 전자가 핵 밖에 있으므로 원자 전체로서는 A개의 수소 원자에 상당하는 양성자와 전자로 만들어졌다는 것이다. 이리하여 원자량에 있어 반정수의 수수께끼가 풀림과 동시에 한 번은 무너졌던 프라우트의 가설이 다시 새로운 형태로 등장하게 된 것이다.

나중에 중성자가 발견되어, 이 책 맨 처음에 얘기한 것처럼 원자핵이 양성자와 중성자로 구성되었음이 밝혀졌다.

동위원소의 존재비율을 측정하는 데는 역시 질량분석기가 사용되는데, 원자질량을 측정할 때와 달라 그다지 분리능이 높은 장치가 필요하지 않다. 그리고 질량분석기에 의해 모든 원소에 대한 동위원소의 존재가 연구되어 그 존재비율이 구해졌다. 다른 한편 한 원소에 대해 장소에 따라 화학 상태의 차이에 의한 존재비율은 달라지지 않지만 많은 시료가 채취되어 조사되었다.

이러한 많은 측정 결과 동위원소의 존재비율은 거의 불변임이 밝혀졌다. 그러나 예외적으로 존재비율이 다른 것도 발견되었다. 그것은 우라늄과 토륨 같은 천연 방사성 원소와 함께 광석에서 산출되는 납으로서 존재비율이 달랐다. 우라늄과 토륨이 붕괴하여, 납의 한 동위원소가 되기 때문에 원래의 우라늄, 토륨, 납의 비율에 따라 납의 동위원소의 존재비율이 달라진다. 이것은 다음 장에서 얘기하는 원자의 붕괴에서 이해할 수 있다.

예외는 있지만 우리가 접하는 물질에서 존재비율이 거의 변함이 없는 것은 화학을 연구하는 데는 좋은 현상이다. 동위원소의 존재비율이 변하지 않는다는 것은 무엇을 의미하는 것일까. 이 존재비율의 설명이 필요한 것인가. 이것은 원소의 기원과 관련된 대단히 흥미 있는 문제이다.

원소의 기원—원자는 언제 어디서 어떻게 만들어졌는가—은 우주 창조에 관련된 누구나 흥미를 가진 꿈과 같은 주제이다. 이것은 원자핵의 현상과 성질과 별의 진화과정에서 밝혀짐과 더불어 과학적인 주제로 거론되게 되었다. 여기서 이 문제에 깊이 들어가는 것은 피하고 다음은 원자핵의 현상에 관해 이야기하겠다.

제8장
원자의 붕괴

8.1 방사능의 정체는?

전세기 말 베크렐이 우라늄에서 방사선이 복사되는 것을 처음 발견한 데 이어 유명한 퀴리 부부가 라듐을 발견하였다. 그 무렵 영국의 러더퍼드도 방사성 물질을 연구하기 시작하여 우라늄이나 라듐 등에서 방출되는 방사선에 두 종류가 있음을 발견하였다. 하나는 전리하는 힘(전리도)이 강하고 투과도가 작은 것으로 두꺼운 종이 한 장 정도로 흡수되었다. 다른 하나는 전리하는 힘이 약하고 투과도가 컸으며, 몇 장의 종이는 충분히 투과하여 노트 정도 두께의 종이 또는 수 ㎜의 알루미늄 판으로 가까스로 흡수되었다. 러더퍼드는 전자를 **알파선**, 후자를 **베타선**이라 이름 붙였다.

그 후 베타선보다 전리도가 약하고, 투과도가 큰 방사선이 발견되어 감마선이라 이름이 붙여졌다. 이리하여 X선을 포함하여 네 종류의 방사선이 발견되었는데 이 방사선의 정체는 대체 무엇일까?

러더퍼드는 그 후 연구를 거듭하여 알파선은 헬륨이온(헬륨의 원자핵)이고, 베타선은 전자이며, X선과 감마선은 파장이 짧은 전자기파임을 밝혔다.

이 방사선을 자기장 속으로 통과시키면 베타선은 제일 잘 휘어지고, 알파선은 베타선과 반대 방향으로 조금 휘어지는데, 감마선은 전혀 영향을 받지 않는다. 이 사실에서 알파선은 양전하를 가진 질량이 큰 입자로 구성되었고, 베타선은 음전하를 가진 가벼운 입자로 되어 있다고 추정되었다. 음전하를 가진 가벼운 입자란 그 무렵 이미 발견된 전자였다.

알파선이 헬륨이온인 것은 러더퍼드의 매우 교묘한 다음과

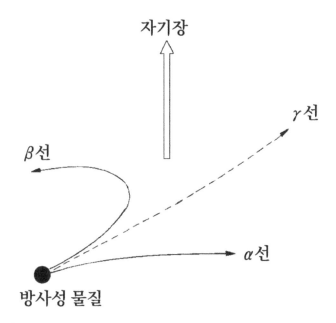

〈그림 68〉 각종 방사선에 대한 자기장의 영향. 자기장의 방향에
수직으로 나가는 알파선은 휘어지고, 베타선은 그 반대
방향으로 크게 휜다. 감마선은 영향을 받지 않고 직진
한다

같은 실험으로 증명되었다. 〈그림 69〉와 같은 아주 얇은 유리
용기 속에는 대단히 엷고 작은 앰풀 모양으로 된 것이 들었다.
그 앰풀 속에는 알파선을 방사하는 라돈(Rn) 기체를 봉입하였
다. 관벽이 얇아 알파선은 용이하게 투과한다. 용기의 상부에는
전극이 들었고 방전관으로 되어 있다. 하부는 수은으로 채워지
고 상부는 진공이다.

　앰풀에서 방사된 알파선이 헬륨이온이면, 유리의 외벽으로
인해 멈춰진 알파선이 헬륨 기체가 되어 용기 내에 찬다. 이대

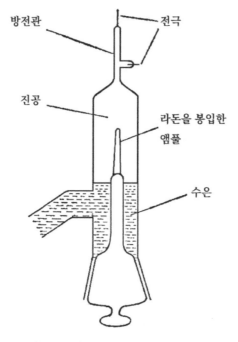

〈그림 69〉 러더퍼드가 알파선이 헬륨이온
임을 증명한 장치의 개략도

로 며칠 방치하면 헬륨양은 증가하는데, 그 양은 아직 부족하다. 며칠 후 수은 면을 상승시켜 가는 방전관 내에 기체를 봉입하고 방전관의 전극에 전압을 걸어 방전시킨다. 방전관이 발하는 빛을 분광기로 분석하였더니 헬륨의 스펙트럼선임을 알아냈다. 이렇게 하여 알파선이 헬륨이온이라는 확증을 얻었던 것이다.

8.2 원자가 깨진다—원자붕괴설

라듐은 방치해 두면 방사성을 가진 기체인 라돈을 발생한다.

〈그림 70〉 바닥에 구멍을 뚫은 물통에서 새는 물처럼 붕괴수는 점차 감소한다

그리고 이 라돈 기체를 봉입한 용기에서는 점차 라돈의 양이 작아지고 용기 벽에 다른 방사성 물질이 석출된다. 다시 이 방사성 물질도 몇 가지 다른 방사성 물질을 거쳐 끝내는 방사성을 갖지 않는 물질로 변환된다.

왜 방사성 물질은 이러한 '변환'을 거듭하면서 모두 마지막에는 방사성을 갖지 않는 물질이 되는가? 러더퍼드와 소디는 이 사실을 설명하기 위해 1902년 **원자붕괴설**을 생각해냈다. 그들은 라듐과 라돈이 방사선을 방출하고 라듐은 라돈으로, 라돈은 다른 원소로 변한다고 생각하였다. 오랫동안 원소는 안정 불변

142

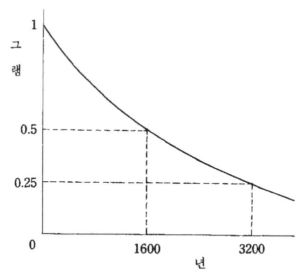

〈그림 71〉 방사성 핵종은 반감기로 1/2, 반감기의 2배로
1/4이라는 지수관계로 감소한다

한 것이라 믿어졌으므로, 이것은 그때까지의 생각을 근본적으
로 바꾸는 중요한 제안이었다.

바닥에 구멍이 뚫린 물통에서 물이 흘러내리는 것처럼 방사
성 물질은 점차 다른 물질로 변해간다. 그 속도는 물질마다 고
유하고, 일정 시간이 지나면 반으로 감소한다. 1g의 ^{226}Ra은
1,600년으로 0.5g으로 감소하며, ^{222}Rn는 3.8일이 지나면 반으
로 감소된다. 이 반이 되는 시간을 **반감기**라고 한다. 따라서 반
감기의 2배가 지나면 4분의 1로, 3배가 지나면 8분의 1로 감소
하게 된다.

주의해야 할 것은 어느 때 갑자기 라듐의 한 원자가 붕괴하
여 라돈 원자가 되는 것이며 점차적으로 라돈으로 변환되는 것
은 아니라는 점이다. 개개의 원자는 붕괴될 어떤 확률을 가졌

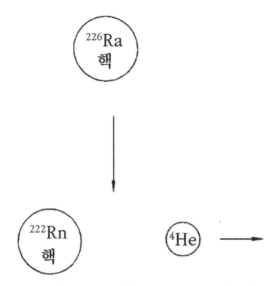

〈그림 72〉 알파붕괴 ^{226}Ra의 핵으로부터 ^{4}He핵이
튀어나와 ^{222}Rn가 남는다

을 뿐 어느 원자가 언제 붕괴할지 미리 예측할 수는 없다. 그러나 많은 원자 중에서 그 반이 반감기가 지나면 틀림없이 붕괴한다.

이렇게 방사선을 방출하고 붕괴하는 핵종을 일반적으로 **방사성 동위원소**라고 부른다. 그러나 특정한 원소를 지목했을 때는 그렇지 않지만 일반적으로 여러 가지 원소의 방사성 동위원소를 가리킬 때는 **방사성 핵종**이라고도 한다.

8.3 헬륨이 튀어나간다—알파붕괴

그런데 원자가 알파선을 복사하고 붕괴할 때 원자 내부에서는 어떤 일이 일어나는가. 예를 들면 퀴리 부부가 발견한 라듐은 알파선을 복사한다. 이때 원자번호 88인 라듐의 원자핵이 원자번호 2의 헬륨핵을 방출하고 원자번호 86의 라돈으로 변환된다. 퀴리 부부가 발견한 라듐은 질량수 226의 동위원소이므로 이것을 다음 식으로 나타낼 수 있다.

$$^{226}_{88} Ra \rightarrow\ ^{222}_{86} Rn\ +\ ^{4}_{2} He$$

이렇게 하여 만들어진 라돈도 다시 알파선을 방출하고 다음과 같이 폴로늄으로 변환된다.

$$^{222}_{86} Rn \rightarrow\ ^{218}_{84} Po\ +\ ^{4}_{2} He$$

헬륨의 원자핵은 중성자 2개와 양성자 2개로 되어 있으므로 알파붕괴에 의해 원래의 원자핵은 양성자 2개와 중성자 2개를 잃고 원자번호가 2, 질량수가 4 감소하게 된다. 이 현상을 **알파붕괴**라 부르며, 이때 방사되는 헬륨핵을 알파입자라고 할 때도 있다.

알파붕괴로 방출되는 알파입자는 몇백만 볼트에 상당하는 큰 에너지를 가진다. 이 에너지는 어디서 왔을까. 먼저 라듐, 라돈, 헬륨의 원자질량을 비교해 보자.

^{226}Ra	226.02544
^{222}Rn	222.01761
^{4}He	4.0026033
^{226}Ra - (^{222}Rn+^{4}He)	0.00523

붕괴 전의 ^{226}Ra은 붕괴 전에 생긴 ^{222}Rn와 ^{4}He의 합보다 무겁다. 이 차는 근소하지만 어디로 없어져 버렸을까? 앞 장에

서 말한 아인슈타인의 식을 생각해 보자(7장-2 E=mc² 참조).
식에서는 질량과 에너지의 동등성, 즉 질량과 에너지가 같다고
했다. 라듐의 질량의 여분이 알파입자의 에너지가 되어 튀어나
간 것이다. 에너지로 환산하면 알파입자가 가져간 에너지는
4.78MeV*가 된다. 실제 알파입자는 4.78MeV의 에너지로 방
출되는 것이다.

에너지는 속도의 제곱에 비례하므로 이 큰 에너지 때문에 알
파입자는 1초에 1만 ㎞ 정도의 속도로 날아간다. 이것은 빛의
속도의 약 30분의 1이며, 초속 7, 8㎞의 인공위성이나 달로켓
보다 훨씬 빠른 속도이다.

8.4 베타붕괴에 의해 원자번호가 하나 변한다

우라늄의 동위원소 중에서 존재비율이 제일 많은 것은 ^{238}U
이다. 이것은 알파붕괴하여

$$^{238}_{92} U \rightarrow {}^{234}_{90} Th + {}^{4}_{2} He$$

가 된다. 이 ^{234}Th는 베타선을 복사해 단시간에 붕괴하여 원자
번호가 하나 위인 프로트악티늄이 된다. 이 경우는 원자핵에서
전자가 복사되므로 원자핵의 전하가 늘어 원자번호가 하나 는
다. 원자핵에서 전자가 튀어나갈 때 동시에 **중성미자**라는 입자
를 방사한다.

---

* 방사선 에너지는 MeV(100만 전자볼트)로 표시되는 일이 많다. 전자 또
는 양성자의 전하를 가진 입자가 1볼트의 전위차로 가속되었을 때의 에너
지를 1전자볼트라고 하며 eV로 나타낸다. 이 1,000배를 KeV, 100만 배
를 MeV로 나타낸다.

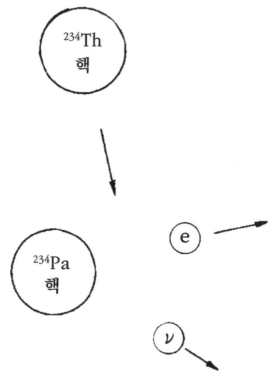

〈그림 73〉 베타붕괴. ^{234}Th핵으로부터 전자와
중성미자가 방사된다

중성미자는 측정하기도, 잡기도 어려운 중성으로 질량이 없
는 소립자이다. 이 현상을 **베타붕괴**라고 하며 다음과 같이 나타
낼 수 있다.

$$^{234}_{90} Th \rightarrow {}^{234}_{91} Pa + e + \nu$$

e는 전자, ν는 중성미자를 나타낸다. 전자와 중성미자의 질
량수를 0, 전자의 원자번호를 -1, 중성미자를 0이라 생각하면

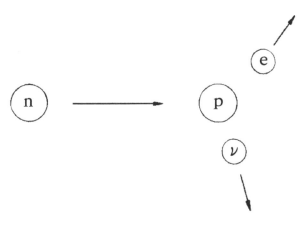

〈그림 74〉 중성자의 베타붕괴

양변의 질량수와 원자번호는 같아진다.

　알파붕괴의 경우에는 원자핵의 중성자와 양성자가 헬륨 원자핵을 만들고 복사된다고 생각해도 되었는데, 원자핵 내에는 본래 전자도 중성미자도 존재하지 않는다. 베타붕괴에서는 원자번호가 변하므로 원자핵 밖에 있는 전자가 복사되는 것이 아니다. 그렇다면 이것은 대체 어디에 있었던 것인가? 아마도 원자핵으로부터 나오는 것임이 틀림없을 것이다. 그렇다면 원자핵 내의 중성자가 하나의 양성자로 변하고, 그때 전자와 중성미자를 방사한다고밖에 설명할 수 없다. 중성자를 n, 양성자를 p로 나타내면

$$n \rightarrow p + e + \nu$$

가 된다. 중성자가 베타붕괴하는 것은 훨씬 나중에 와서야 실제로 관측되어, 현재는 베타붕괴하는 많은 인공 방사성 핵종이 알려졌다.

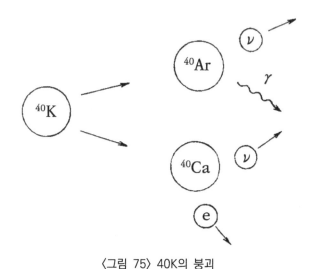

〈그림 75〉 40K의 붕괴

베타붕괴에서는 전자와 중성미자가 붕괴 에너지를 나눠 가지 므로 전자의 에너지는 일정하지 않고 0에너지에서 각각 붕괴에 고유한 최대 에너지까지 연속적인 넓은 쪽을 가진다. 전자가 최대 에너지로 복사될 때 중성미자는 0에너지로 복사된다고 생 각된다. 그러므로 전자의 최대 에너지가 붕괴되는 전후의 원자 질량의 차에 상당한다.

^{234}Th	234.04363
^{234}Pa	234.04335
^{234}Th - ^{234}Pa	0.00028

이 질량의 차를 에너지로 환산하면 0.26MeV가 된다. $^{234}_{90}Th$ 에서 전자 1개가 복사되는데 $^{234}_{91}Pa$의 궤도 전자, 즉 원자핵 밖 에 있는 전자가 토륨보다 1개 많으므로 전자의 질량은 0이 된다.

이 ^{234}Th의 베타선의 최대 에너지는 측정에 의하면 0.19 MeV이며, 질량 차와 0.07MeV가 다르다. 이것은 ^{234}Th가 베타선을 방출하고 ^{234}Pa의 들뜬상태로 붕괴하여 이 들뜬상태에서 0.07MeV의 감마선을 방출하고 바닥상태의 프로트악티늄이 되기 때문이다. 원자핵에도 원자 같은 들뜬상태가 있고, 감마선은 원자핵 에너지의 높은 들뜬상태로부터 아래 상태로 떨어질 때에 방사되므로 감마선 방사에 의해 원자의 종류는 변함이 없다.

8.5 사람 몸속에 있는 방사성 핵종

지금까지 얘기해온 방사성 핵종은 우라늄과 토륨이 붕괴하여 생기는 천연의 핵종이다. 우라늄과 토륨의 수명은 대단히 길고, 반감기가 지구의 나이와 같은 정도이기 때문에 이들 방사성 핵종은 아직도 남아 있다. 이 원소는 토륨보다 원자번호가 큰 주기율표의 끝 쪽에 오는 것들이며 방사선을 내고 차례차례 다른 원소로 변환되고 결국 모두 원자번호 82인 납이 되어 버린다. 그러나 납보다 원자번호가 작은 원소의 동위원소에도 소수이지만 방사성을 가진 것이 있다.

감도가 높은 감마선검출기를 콘크리트의 건물 내에 두면 대단히 약한 감마선에 감응한다. 이것은 콘크리트 속의 칼륨이 내는 방사선 때문이다. 칼륨에는 미량(0.12%)이지만 ^{40}K이 포함되어 있고, 이것이 베타붕괴하여 일부가 들뜬상태가 되어 감마선을 방사한다. ^{40}K의 반감기는 13억 년으로 지구의 나이보다는 짧다고 하더라도 대단히 길다. 지구가 창생될 무렵에는 칼륨 속에 현재보다 많은 ^{40}K이 포함되었을 것이다.

인체 중에는 약 0.2%의 칼륨이 포함되어 있다. 따라서 60kg

이 되는 인간의 체내에 약 0.1마이크로퀴리*의 칼륨이 포함되어 있다.

천연의 방사성 핵종에서 납보다 원자번호가 작은 것은 ^{40}K, ^{87}Rb, ^{115}In, ^{147}Sm, ^{176}Lu 등 몇 가지 안 된다. 이들 중에서 ^{87}Rb, ^{115}In, ^{176}Lu은 베타붕괴하여 원자번호가 하나 큰 안정한 핵종이 된다.

^{40}K은 붕괴하여 원자번호가 하나 다른 안정한 ^{40}Ar 또는 ^{40}Ca이 되고, ^{147}Sm은 알파붕괴하여 ^{143}Nd이 된다.

8.6 현대의 연금술─원자핵반응의 발견

학문의 발전은 가끔 한 천재의 힘을 입는 일이 있다. 20세기 초의 원자핵 연구는 러더퍼드의 재능에 힘입은 바가 크다. 러더퍼드는 주의 깊은 실험과 자연에 대한 날카로운 통찰력에 의해 몇 가지 획기적인 발견을 하였다. 그중 하나가 앞에서 얘기한 원자붕괴설이며, 다른 하나가 원자핵의 발견에 의한 원자모형이다. 여기서 얘기하는 핵반응도 러더퍼드의 위대한 발견이었다.

러더퍼드가 질소 기체에 의한 알파선의 산란에 관해 연구하고 있을 때 알파선이 도달되지 못하는 떨어진 곳에서도 극히 소수이지만 방사선이 관측되었다. 이것은 질소를 알파선이 통과하였을 때 알파선보다 투과력이 큰 방사선이 2차적으로 복사

---

* 방사성 핵종의 강도를 나타내기 위해 퀴리라는 단위를 쓴다. 1초간 3.7×10^{10}개의 원자가 붕괴할 때 1퀴리라고 한다. 그 1,000분의 1을 1밀리퀴리, 100만 분의 1을 1마이크로퀴리라고 한다. 라듐(^{226}Ra) 1그램이 1퀴리에 상당하고, 1그램의 칼륨 중에는 약 0.0009마이크로퀴리의 ^{40}K이 포함된다.

<그림 76> 러더퍼드는 핵반응을 발견하였다

되었다고 생각해야 한다. 러더퍼드는 이것이 양성자선으로 알파입자가 질소핵에 부딪쳐 원자핵이 깨뜨러져서 그때 방사된다고 생각했다. 즉

$$^{14}_{7}N + {}^{4}_{2}He \rightarrow {}^{17}_{8}O + {}^{1}_{1}H$$

인 반응이다. 이것은 원자핵반응을 발견한 것으로, 1919년의 일이었다.

원자핵은 결합 에너지가 크고, 더욱이 쿨롱의 반발력에 의해 지켜지기 때문에 보통의 가열, 가압 및 화학반응 등으로 깨지지 않는다. 그러나 알파선처럼 에너지가 높은 입자가 충돌하면 깨진다. 이것이 **핵반응**이다. 핵반응 후에 생긴 핵의 원자번호는 원래의 핵과 다른 점이 많다. 이것은 원소가 인공적으로 전환

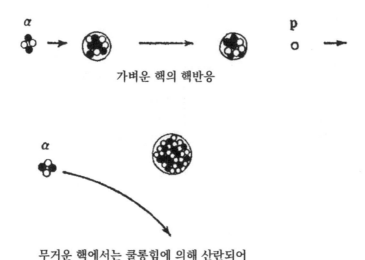

<그림 77> 알파선으로 핵반응이 일어나는 핵과 일어나지 않는 핵

된 것이다. 중세 이래 수많은 연금술사가 꿈꾸고 이룩하지 못했던 원소의 인공전환을 러더퍼드가 처음으로 성공한 것이다. 그러나 연금술사들의 꿈처럼 납을 금으로 만들어 큰 돈벌이가 되는 것은 아니었다. 러더퍼드가 발견한 것은 어떻게 하면 원자가 변환되는가 하는 기본 원리였다.

러더퍼드의 발견 이후 많은 핵에 관해 핵반응 연구가 실시되었다. 원자핵을 알파입자로 조사하면, 원자번호가 작은 핵은 핵반응을 일으켜 양성자 또는 중성자를 방사하여 다른 핵으로 변환된다. 그러나 원자번호가 큰 핵에서는 알파입자의 에너지가 부족하여 쿨롱의 반발력 때문에 알파입자가 원자핵 내에 들어갈 수 없어 핵반응은 일어나지 않는다. 원자번호가 큰 핵이 핵반응을 일으키기 위해서는 보다 높은 에너지 입자가 필요하다.

8.7 최초의 인공 방사성 핵종

핵반응이 발견되고 나서 상당히 지난 1934년 졸리오는 알루미늄을 알파선으로 조사하면 반감기 2.3분의 방사성 핵종이 만들어지는 것을 발견하였다. 이때

$$_{13}^{27}Al \ + \ _2^4He \rightarrow \ _{15}^{30}P \ + \ _0^1n$$

의 핵반응이 일어나 ^{30}P이 만들어진다고 추정되었다. 천연의 인은 ^{31}P이므로 ^{30}P은 중성자가 하나 작은 인의 동위원소일 것이다. 이것은 처음으로 인공적으로 만들어진 방사성 핵종이었다. 그 후 속속 많은 방사성 핵종이 만들어졌다.

이 ^{30}P은 앞에서 말한 베타붕괴와 달라 다음과 같이 양전자와 중성미자를 방사하여 원자번호가 하나 작은 규소의 동위원소 ^{30}Si으로 붕괴한다.

$$_{15}^{30}P \rightarrow \ _{14}^{30}Si \ + \ e^+ \ + \ \nu$$

양전자는 질량이 전자와 같고, 양전하를 가진 입자이다. 기묘한 것은 양전자는 보통 음전하를 가진 전자(음전자)와 함께 있으면 2개의 감마선이 되어 소멸한다.

양전자를 방사하는 붕괴도 베타붕괴라고 불린다. 안정동위원소에 비해 질량수가 작은 동위원소에서는 양전자 방사가 일어나고, 질량수가 많은 동위원소에서는 음전자 방사가 일어난다. 수소 ^{1}H은 결코 베타붕괴하지 않고 양성자가 단독으로 붕괴하는 일은 없다. 그러나 양전자를 방사하는 원자핵 내에서는

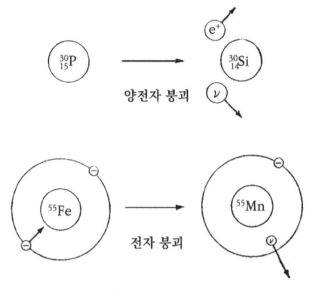

<그림 78> 두 가지 베타붕괴

$$p \rightarrow n + e^+ + \nu$$

처럼 양성자가 중성자로 붕괴한다고 생각하지 않을 수 없다.

베타붕괴라고 불리는 것 가운데는 또 다른 붕괴가 일어난다. 예를 들면 철의 방사성 동위원소 ^{55}Fe는 원자핵 주위를 도는 전자를 핵이 흡수하고 중성미자를 방사하면서 ^{55}Mn로 붕괴한다.

$$^{55}_{26}Fe + e^- \rightarrow {}^{55}_{25}Mn + \nu$$

중성미자는 보통 측정이 불가능하며, 전자를 잃은 원자로부터 방사되는 X선에 의해 붕괴됨을 알 뿐이다. 이 현상도 넓은 의미로는 베타붕괴인데 **전자포획**이라 불린다.

8.8 중성자가 방사성 동위원소를 만든다

앞에서 말한 졸리오의 실험과 같이 원자번호가 작은 물질에 알파선을 조사하면 중성자가 발생한다. 핵반응 때에는 원자핵 내의 중성자가 방사되는 것이다.

원자핵은 플러스로 대전하므로 같은 양전하를 가진 알파입자나 양성자는 쿨롱의 반발력 때문에 원자핵에 접근하기 어렵다. 따라서 알파입자로 핵반응을 일으킬 수 있는 것은 원자번호가 작은 핵에 한한다. 이에 대해 중성자는 전하를 가지지 않으므로 에너지가 낮은 것도 쉽게 원자핵에 접근할 수 있다. 이 때문에 중성자는 원자번호가 큰 원자핵이라도 핵반응을 일으키게 할 수 있다.

페르미는 중성자를 물질에 충돌시켜 방사성 물질을 만드는 실험을 했는데 물이나 파라핀 같은 수소를 많이 포함한 물질이 가까이에 있으면 보다 다량의 방사성 물질이 생기는 것을 발견하고 다음과 같이 설명하였다.

중성자는 수소핵, 즉 양성자와 충돌하면 양성자와 중성자의 질량이 거의 같으므로 한 번에 큰 에너지를 잃는다. 이것을 수십 번 되풀이하면 중성자의 에너지는 감소한다. 에너지가 낮은 중성자는 원자핵에 흡수되기 쉽고, 원자핵은 중성자를 흡수하면서 질량수가 하나 큰 방사성 동위원소가 만들어진다.

예를 들면 코발트를 에너지가 낮은 중성자로 조사하면 다음과 같은 핵반응이 일어난다.

$$^{59}Co \; + \; {}_0^1 n \rightarrow {}^{60}Co$$

^{60}Co은 베타붕괴하는 코발트의 방사성 동위원소이다. 중성자

156

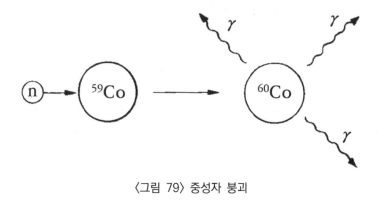

〈그림 79〉 중성자 붕괴

를 흡수함으로써 거의 모든 원소로 방사성 동위원소를 만들 수 있다.

8.9 원자가 둘로 쪼개진다—핵분열

1938년 한과 슈트라스만은 우라늄을 중성자로 조사하면 불가사의한 현상이 일어나는 것을 발견하였다. 이것은 나중에 얘기하는 초우라늄을 연구하게 된 발단과 관련이 있지만, 그들은 우라늄을 중성자로 조사하여 바륨의 방사성 동위원소가 만들어졌음을 확인하였다. 그때까지의 핵반응에서는 원자번호가 겨우 둘 정도 다른 것밖에 만들어지지 않았다. 그런데 우라늄의 원자번호는 92이고 바륨은 56이다. 그렇다면 우라늄이 둘로 쪼개졌다고 생각하지 않을 수 없었다.

한과 슈트라스만의 실험에 이어, 윌슨의 안개상자에 의해 핵이 둘로 분열되어 방사되는 것이 실제로 확인되었다. 윌슨의 안개상자란 알파선 등 방사선이 통과하였을 때, 그 궤도를 사진으로 찍는 장치이다. 그 후에 진행된 연구로 2개로 분열된 조각

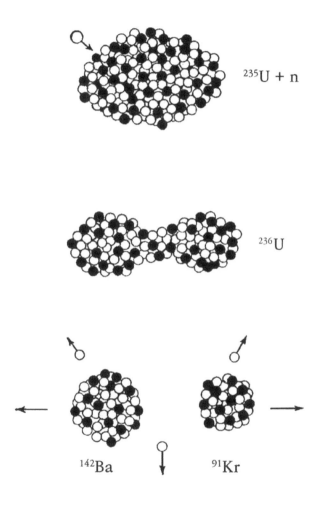

$^{235}U + n$

^{236}U

^{142}Ba ^{91}Kr

〈그림 80〉 중성자에 의한 핵분열

158

은 대단히 큰 에너지를 가지며, 분열 시 중성자 몇 개가 동시에
방사되고, 분열하여 생긴 핵종은 바륨의 동위원소뿐만 아니고
많은 종류에 걸친다는 것도 밝혀졌다. 이것이 **핵분열**이다.

분열 때 생기는 큰 에너지는 원자질량으로 계산하면 다음과
같이 된다. 예를 들면 우라늄의 동위원소 ^{235}U의 분열로 생긴
핵종은, 다음과 같이 가정하면

$$^{235}_{92}U + ^{1}_{0}n \rightarrow ^{142}_{56}Ba + ^{91}_{36}Kr + 3\,^{1}_{0}n$$

원자질량과 그 차는 다음과 같다.

^{235}U	235.04394
^{1}n	1.008665
^{142}Ba	141.91651
^{91}Kr	90.92324
^{235}U + ^{1}n	236.05261
^{142}Ba + ^{91}Kr + 3^{1}n	235.86575
^{235}U + ^{1}n - ^{142}Ba + ^{91}Kr + 3^{1}n	0.18688

이 차를 에너지의 단위로 환산하면 174MeV가 된다. 그때까
지 알려진 원자핵의 붕괴 에너지는 10MeV 이하였던 것을 생
각하면 이것은 막대한 에너지 방출이다. 이것이야말로 원자로
와 원자폭탄의 에너지원인 것이다.

핵분열 생성물은 원자번호 40과 56 부근에 있는 중성자가
많은 방사성 핵종들이다. 그중에는 핵반응으로는 만들 수 없는
방사성 핵종도 많이 포함된다. 가장 유명한 것은 스트론튬 90
(^{90}Sr)과 세슘 137(^{137}Cs)이다. 이들은 반감기가 길고 죽음의 재

—즉 핵분열 생성물 가운데서도 인체에 흡수되면 영향을 주는 것이라 하여 두려워한다.

제9장
인공 원소의 창조

9.1 조금밖에 만들어지지 않는 인공 방사성 핵종

핵반응에 의해 옛날 연금술사의 꿈은 이제 실현되었다. 그러나 알파선의 조사에 의하든가, 알파선에 의한 핵반응으로 방사되는 중성자로 만들어진 초기의 인공 방사성 핵종은 아주 미량이었다. 이리하여 만들어진 원자 수는 겨우 수천 개나 수만 개에 지나지 않았다. 왜 그렇게 효율이 나빴을까? 알파선에 의한 핵반응으로 만들어지는 핵의 양이 어느 정도인지 조사해 보자.

라듐의 알파선을 사용한다면 보통 0.01g 정도의 라듐을 사용할 수 있는 데 그친다. 라듐 1g은 1초간에 3.7×10^{10}개의 알파입자를 사방으로 방사하므로 시료에 조사할 수 있는 알파입자는 그 10분의 1 정도이며, 0.01g의 라듐으로 유효한 것은 매초 3×10^7개 정도이다. 이것은 대단히 많은 것 같이 생각되지만 핵반응을 일으키기 위한 '탄환'으로는 너무 적다. 앞에서 얘기한 것 같이 원자핵은 아주 작고 직경 10^{-12}㎝ 정도이므로 알파입자가 물질을 통과하면서 원자핵에 충돌할 가능성은 극히 작다.

알파입자가 물질을 통과해서 멎을 때까지 원자핵에 충돌되는 확률을 구해 보자. 직경 10^{-12}㎝의 원자핵의 단면적은 약 π $(0.5 \times 10^{-2}) \approx 0.8 \times 10^{-24}$㎠이다. 한편 알파입자는 약 20미크론의 두께의 알루미늄박으로 차단된다. 알루미늄의 비중은 2.7이므로 1㎠당 0.005g이 된다. 이 속에 알루미늄 원자는 약 10^{20}개가 있다는 계산이 나온다. 1㎠의 알루미늄박에 1개의 알파입자가 튀어들어 왔을 때 원자핵에 충돌되는 확률은

(원자핵의 단면적) × (원자핵 수) = (충돌 확률)

$0.8 \times 10^{-24} \times 10^{20} = 8 \times 10^{-5}$

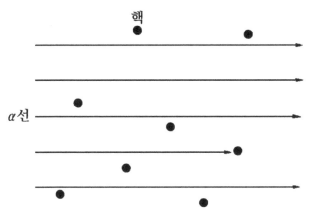

〈그림 81〉 알파선이 핵에 충돌하는 확률은 작다

이다. 즉 1만 개 남짓한 알파입자 중에 겨우 1개라는 비율로 핵반응이 일어난다. 0.01g의 라듐을 사용하였다고 하면

$$3 \times 10^7 \times 8 \times 10^{-5} = 2,400$$

즉 매초 2,400개의 방사성 핵종이 만들어지는 데 불과하다. 이것을 원래의 알루미늄박 중의 원자 수 10^{20}과 비교하면 얼마나 근소한 양인지 알 수 있을 것이다.

방전관 속의 희박한 기체 중에 방전에 의해 생기는 이온 수($10^{14} \sim 10^{15}$개 정도)는 막대한 수가 되며, 알파선의 헬륨이온보다 훨씬 많다. 수소이온이나 헬륨이온을 인공적으로 만들어, 그것을 알파선의 에너지 이상으로 가속할 수 있다면 보다 많은 방사성 핵종을 만들 수 있을 것이다.

이 이온을 만들어 진공 중에서 수 μA의 이온 빔을 얻는 것은 어렵지 않다. 1μA의 전류 중에는 매초 6×10^{12}개의 전자가 흐른다. 이온 빔에서도 마찬가지이며, 5μA의 이온 빔 중에는

164

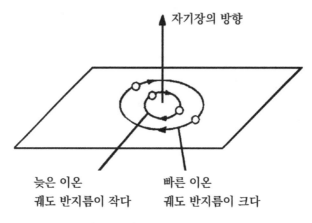

늦은 이온   빠른 이온
궤도 반지름이 작다   궤도 반지름이 크다

〈그림 82〉 자기장 속의 이온

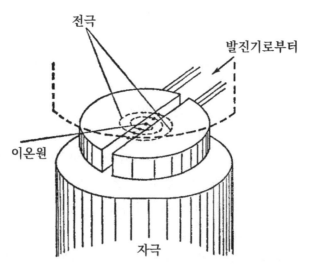

전극

발진기로부터

이온원

자극

〈그림 83〉 사이클로트론의 원리

3×10^{13}개의 이온이 흐른다. 이것은 라듐 0.01g의 10만 배나 되는 강도가 있고, 또한 빔상으로 방향을 배열시킬 수도 있다. 이 이온으로 핵반응을 일으키기 위해서는 수백만 V에서 1,000만 V 정도로 가속해야 한다. 그러나 이렇게 고압을 만드는 일은 쉽지 않다. 현재의 기술로는 이런 고전압을 만드는 것이 불가능하지 않지만, 고전압을 사용하지 않고 고주파로 몇 번씩 가속하여 높은 에너지의 이온을 얻을 수 있다. 가속 이온의 에너지를 올리면 더 두꺼운 물질을 투과시킬 수 있으므로 보다 많은 방사성 핵을 만드는 것도 가능하다. 그래서 이온을 가속하는 가속기가 방사성 핵종을 만들기 위해 각광을 받았다.

9.2 방사성 핵종을 생산하는 사이클로트론

여러 가지 가속기가 있는데 방사성 핵종을 만드는 데 가장 적합한 가속기는 미국의 물리학자 로런스가 발명한 사이클로트론이다.

자기장 속에서 자기장의 방향에 수직한 평면 내에서 이온이 원운동할 때 이온의 속도에 비례하여 회전원이 커진다(그림 61). 그 때문에 이온이 1회전 하는 시간은 속도(에너지)와는 관계없다. 이 원리를 이용한 것이 사이클로트론이다.

전자석의 자극 사이에 키가 작은 깡통을 세로로 둘로 자른 것 같은 2개의 D자형 전극을 삽입하고 거기에 고주파를 건다. 이 전극 전체를 진공 중에 장치하고, 전극의 중심에 이온원을 설치한다. 이온원에서 나온 이온은 전극으로 가속하여 반원운동을 하게 한 다음 전극으로부터 나오게 하고 또 다른 전극으로 가속시킨다. 전극 속을 이온이 통과하는 동안에는 전극에

166

걸린 전압이 변화해도 이온 속도는 변화하지 않는다. 이리하여 반회전마다 이온은 가속되어 점차 에너지를 얻어 반경이 커진다.

전극 간의 최대 전압이 50kV라면 수소이온이 100회 회전한 10MeV로 가속할 수 있다. 전자석을 크게 하고, 이온의 회전수와 회전 반경을 크게 하면 얼마든지 에너지를 올릴 수 있을 것 같지만 그렇게는 되지 않는다. 이온의 에너지가 높아지면 상대성이론이 말하는 효과가 나타나 질량이 무거워지고, 이온의 1회전에 소요되는 시간이 길어진다. 그 때문에 사이클로트론을 가속할 수 없게 된다.

그러나 갖가지 연구가 이루어져 최근에 나온 대형 사이클로트론에서는 100MeV 이상까지 가속된다. 양성자 ^{1}H이나 알파입자 ^{4}He에서는 100μA 또는 그 이상으로 이온을 가속할 수 있게 되었다. 이뿐만 아니라 ^{2}H, ^{3}He, ^{7}Li, ^{12}C, ^{14}N, ^{16}O 등 갖가지 이온도 사이클로트론으로 가속할 수 있게 되었다. 이렇게 에너지가 높고, 이온 빔이 강한 사이클로트론을 써서 현재 많은 종류의 방사성 핵종이 다량으로 만들어지고 있다.

9.3 원자로도 방사성 핵종 제조기

또 하나 중요한 '방사성 핵종 제조기'라 할 수 있는 것은 원자로이다. ^{235}U는 우라늄의 존재비율이 0.7%에 지나지 않지만 속도가 느린 중성자로 쉽게 핵분열이 일어난다. 원자로에서는 ^{235}U를 연료로 하여 핵분열 때 방출되는 중성자를 사용하여 연쇄적으로 핵분열이 일어난다.

원자로는 일반적으로 열에너지원으로서 발전에 이용되는데, 다른 한편에서는 핵분열 때 방사되는 중성자가 대단히 강하므

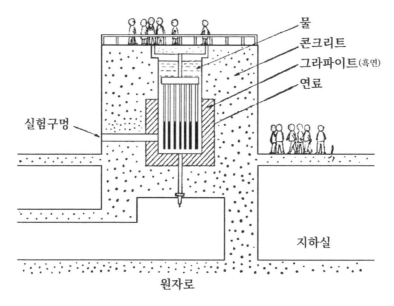

물
콘크리트
그라파이트(흑연)
연료

실험구멍

지하실

원자로

〈그림 84〉 강력한 중성자원-원자로

로 강력한 중성자원으로도 이용된다. 원자로의 중심부에서는 1
㎠를 매초 10^{13}~10^{14}개 정도의 중성자가 통과한다. 중성자를 양
성자로 바꿔보면 1㎠당 $10\mu A$ 전후의 이온전류에 해당한다. 이
들은 대부분 속도가 느린 중성자이므로 앞 장에서 얘기한 것
같이 핵반응을 일으키기 쉽고, 양성자인 경우에 수십 배에서 수
천 배의 방사성 핵종이 만들어진다. 다량의 방사성 핵종을 제조
한다는 점에서는 중성자 밀도가 높은 원자로보다 적합한 것이
없다. 그러나 원자로에서는 중성자밖에 이용할 수 없으므로 안
정동위원소보다 중성자가 많은 동위원소밖에 만들 수 없다.

9.4 최초의 인공 원소—테크네튬

앞에서 얘기한 것 같이 1925년 레늄의 발견에 의해 주기율표는 원자번호 34, 61, 85, 87 네 곳만이 빈칸으로 남았다.

이탈리아의 물리학자 세그레는 1936년에 미국으로 건너가 캘리포니아대학의 로런스에게서 사이클로트론으로 가속된 중수소이온(중양성자)으로 조사한 몰리브데넘 한 조각을 얻었다. 그 무렵 몰리브데넘 정도의 원자번호를 가진 원소로 핵반응을 일으키게 할 수 있는 가속기는 캘리포니아대학에 있는 사이클로트론뿐이었다. 몰리브데넘은 원자번호 42인 원소이므로 중수소이온으로 핵반응을 일으키게 하면 원자번호가 하나 위인 43번의 동위원소가 만들어질 것이었다(그림 85).

이탈리아로 돌아온 세그레는 당장 이 몰리브데넘 조각을 화학 분리하려고 시도하였는데 만일 43번 원소가 생긴다 해도 너무 양이 작아 측정할 수 없을 것이라 예상하였다.

43번 원소는 주기율표의 망가니즈 밑, 레늄 위에 위치하는 것이기 때문에 세그레는 망가니즈와 레늄을 혼합하여 화학 조작을 하여, 이 몰리브데넘 조각에서 레늄을 닮은 방사성 물질을 분리하였다. 이것은 레늄을 닮았지만 지금까지의 그 어떤 원소도 아니었다. 이리하여 세그레는 43번 원소를 발견한 것이다. 세그레는 인공적으로 만들어졌다는 의미로 테크네튬(Tc)이라고 이름을 붙였다.

오랫동안 많은 화학자가 발견하지 못한 43번 원소는 이리하여 인공적으로 만들어졌다. 현재 테크네튬의 많은 동위원소가 발견되었는데, 모두 방사성을 가졌으며 안정된 동위원소는 하나도 없다. 테크네튬이야말로 최초로 만들어진 인공 원소였다.

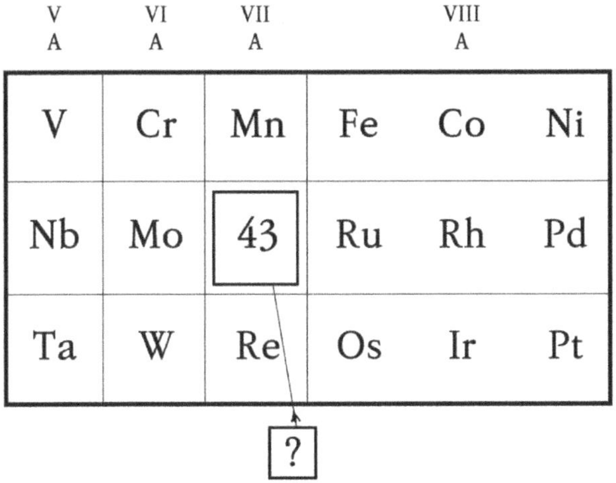

V A	VI A	VII A		VIII A	
V	Cr	Mn	Fe	Co	Ni
Nb	Mo	43	Ru	Rh	Pd
Ta	W	Re	Os	Ir	Pt

?

〈그림 85〉 43번 원소는 인공적으로 만들어졌다

　테크네튬 같은 인공 원소는 얼핏 보아 우리와 아무 관계가 없는 것 같지만 최근 의학에서 그 중요성이 증대하고 있다. 원자로 안에서 몰리브데넘에 중성자를 흡수시키면 ^{99}Mo가 만들어진다. 이것이 베타붕괴(8장-4 참조)하면 6시간이라는 반감기를 가진 ^{99}Tc가 된다. 이 ^{99}Tc는 0.14MeV의 감마선을 방사한다. 이 정도 에너지가 낮은 감마선은 검출하기 쉬우므로 소량이라도 ^{99}Tc는 검출된다. 더욱이 베타선과 알파선을 방사하지 않고 반감기가 짧기 때문에 인체에 주는 영향이 적다. 따라서 반감기가 6시간인 ^{99}Tc는 의학에 대단히 쓸모 있는 방사선 핵종이다. 현재 여러 가지 테크네튬의 화합물을 약품으로 만들어 의학상의 진단과 검사에 이용하고 있다. 천연으로 존재하지 않으면서 우리 생활에 전혀 관계없을 것 같던 네크네튬이 의료를 통해 우리와 깊은 관계를 맺고 있는 것이다.

	VI B	VII B	0
			He
	O	F	Ne
	S	Cl	Ar
	Se	Br	Kr
	Te	I	Xe
	Po	85	Rn

〈그림 86〉 85번 원소는?

9.5 '불안정'한 원소—아스타틴

주기율표에 남은 네 개의 빈칸 중에서 두 번째로 발견된 원소는 제4장에서 얘기한 원자번호 87번 프랑슘이었다. ^{235}U의 붕괴 생성물 속에서 ^{223}Fr이 발견되었다. 그러나 원자번호 85번 원소는 테크네튬의 경우와 마찬가지로 세그레에 의해 역시 인공적으로 만들어졌다(그림 86).

먼저 테크네튬을 만들었던 사이클로트론은 에너지가 낮아 원자번호 80번 정도의 원자핵의 핵반응은 일으키지 못한다. 그후 보다 더 큰 사이클로트론이 캘리포니아대학에 건설되었다. 그 무렵 캘리포니아대학으로 옮긴 세그레는 이 사이클로트론으로 가속한 헬륨이온으로 원자번호 83번 비스무트를 조사하였다. 헬륨은 원자번호 2이므로 다음 핵반응에 의해 85번 원소가 만들어질 것으로 기대되었다.

$$^{209}_{83}Bi + ^{4}_{2}He \rightarrow ^{211}85 + ^{1}_{0}n + ^{1}_{0}n$$

이 반응에 의해 만들어진 방사성 핵종이 새 원소임을 확인하는 데는 화학적 성질을 조사할 필요가 있다. 원자번호 85번 원소는 주기율표에서 아이오딘 밑에 있을 것이며, 할로겐족일 것이다. 아이오딘은 온도를 올리면 승화한다. 마찬가지로 비스무트를 알파입자로 조사한 시료를 도가니에 넣고 가열하면 방사성을 가진 것이 증발하였다. 이것이야말로 85번 원소였다. 세그레는 이 원소를 '불안정'이라는 의미로 아스타틴(At)이라고 이름 붙였다. 1940년의 일이었다. 이리하여 92가지 원소 중 남은 원소는 61번 단 하나가 되었다.

9.6 마지막 빈칸이 채워졌다!

원자번호 57번 란타넘부터 시작되는 희토류 원소는 화학적 성질이 비슷해서 분리가 어려운 원소이다. 그 때문에 주기율표의 빈칸 중 희토류의 원자번호 61번 원소가 최후로 남았는데, 이 원소는 미국의 오크리지 연구소의 초기 원자로에서 1945년 인공적으로 만들어졌다.

먼저 원자번호 60번 네오디뮴을 원자로에 넣고 중성자 흡수에 의해 네오디뮴의 방사성 동위원소 ^{147}Nd, ^{149}Nd가 만들어졌다. 또 우라늄의 핵분열 생성물 속에 ^{149}Nd가 포함된 것도 확인되었다. 이 동위원소는 베타붕괴하여 원자번호가 하나 늘어 61번 원소의 동위원소가 된다.

La	Ce	Pr	Nd	61	Sm	Eu

〈그림 87〉 마지막으로 남은 61번 원소

$$^{146}_{60}Nd + {}^{1}_{0}n \rightarrow {}^{147}_{60}Nd \rightarrow {}^{147}61 + e + \nu$$

$$^{148}_{60}Nd + {}^{1}_{0}n \rightarrow {}^{149}_{60}Nd \rightarrow {}^{149}61 + e + \nu$$

이 새 원소의 질량수 147과 149의 동위원소는 각각 반감기 2.6년과 53시간이며 베타붕괴한다. 61번 원소의 발견은 그 당시 새로 개발된 이온 교환법(〈그림 90〉 참조)에 힘입은 바가 크다. 61번 원소의 동위원소는 모두 방사성을 가지며 불안정하고 천연으로는 존재하지 않는다.

이 원소는 그리스 신화에서 인간을 위해 신에게서 불을 훔친 프로메테우스의 이름을 따서 프로메튬(Pm)이라 이름이 붙여졌다.

이것으로 수소에서 우라늄까지 92개의 원소가 전부 갖추어지고 주기율표는 일단 완성되었다.

결국 92개의 원소 중에서 3개가 인공 원소였는데, 근소하게 천연으로 존재하는 프랑슘의 동위원소 ^{223}Fr은 극히 미소하지만 알파붕괴하여 ^{219}At가 된다. 그러므로 양은 대단히 적지만 아스타틴도 천연으로 존재할 것이다. 「그럼 왜 테크네튬과 프로메튬은 천연으로 존재하지 않는가?」 하고 이상하게 생각하는 사람도 많을 것이다. 다음에 그 물음에 답하겠다.

9.7 테크네튬과 프로메튬은 왜 천연으로 존재하지 않는가?

인공적으로 만들어진 테크네튬과 프로메튬의 동위원소가 많이 발견되었는데, 모두 방사성이며 불안정하다.

이 두 원소를 제외한 비스무트까지의 81개 원소에는 각각 하나 또는 10의 동위원소가 천연으로 존재하는데 원자번호가 홀수인 원소는 천연으로 존재하는 안정동위원소가 적거나 하나 또는 둘밖에 없다. 이들은 극히 가벼운 것(^{2}H, ^{6}Li, ^{10}B, ^{14}N)과 2, 3의 예외(^{50}V, ^{176}Lu 두 가지는 반감기가 지구 연령보다 길기 때문에 천연으로 존재하지만 엄밀하게는 불안정하다)를 제외하면 모두 질량수가 홀수이다.

그리고 질량수가 홀수인 경우, 질량수 하나에 안정핵종은 하나뿐이다. 같은 질량수의 핵종 가운데서 어느 것이 안정한가는 원자질량의 크기로 결정된다. 가로축에 원자번호를 취하고, 같은 질량수인 핵종의 원자질량을 연결하면 포물선이 된다. 〈그림 88〉에는 질량수 97과 99인 경우를 보였다.

포물선 밑쪽에 제일 가까운 핵종이 안정하고, 그 양쪽 핵종은 베타붕괴하여 포물선 밑쪽에 있는 핵종으로 변한다. 질량수 97이 되는 곡선 밑은 몰리브데넘과 테크네튬 중간이 되는데 근소하게 몰리브데넘에 가깝고, 99의 밑은 테크네튬과 루테늄 중간이 되는데 루테늄에 가깝다. 그 때문에 몰리브데넘과 루테늄에는 각각 2개의 홀수 질량수를 가진 안정동위원소(^{95}Mo, ^{97}Mo, ^{99}Ru, ^{101}Ru)가 만들어지고, 테크네튬에는 모두 없어져 버린다. ^{97}Tc과 ^{99}Tc는 반감기가 길어 260만 년과 21만 년인데, 지구의 수명(45억 년)에 비해 짧기 때문에 천연으로 존재하지 않는다.

프로메튬인 때도 마찬가지인데, 양옆의 두 원자번호 60번과 62번에 각각 2개씩 홀수의 질량수를 가진 천연의 동위원소

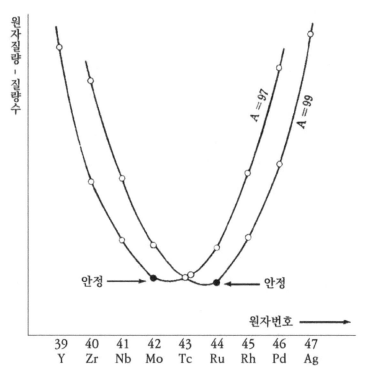

〈그림 88〉 질량수 97과 99의 핵종의 원자질량

(^{143}Nd, ^{145}Nd, ^{147}Sm, ^{149}Sm)가 있다. 그 때문에 원자번호 61
번의 프로메튬에는 안정동위원소가 모두 없어져 버렸다. ^{147}Sm
은 반감기가 대단히 길고 베타붕괴에 관해서는 안정하지만 알
파붕괴하는 것이 알려졌다.

제10장
초우라늄 원소의 발견

10.1 93번 원소로 세 번의 노벨상

1930년경의 주기율표는 92번 우라늄까지였다. 이보다 원자번호가 큰 원소는 정말 존재하지 않을까? 주기율표 빈칸 채우기에 열중하던 과학자들은 이런 생각을 해 보았을 것이다. 그즈음 중성자 흡수에 관한 연구를 하던 이탈리아의 물리학자 페르미는 1934년 드디어 원자번호 93번 초우라늄 원소를 발견하였다고 발표하였다.

페르미는 그때까지 물과 파라핀 같은 수소를 포함한 물질에 중성자를 충돌시키면 방사성 핵종이 생기기 쉽다는 사실에서(8장-8 참조) 중성자가 수소핵의 양성자와 몇 번씩 충돌하면 에너지를 잃고 속도가 느려지고, 느린 중성자는 핵반응을 일으키기 쉽다는 것을 알아냈다. 그리고 느린 중성자로 우라늄을 조사한 결과 다음과 같이 중성자가 흡수되고, 그것이 베타붕괴하여 우라늄보다 원자번호가 하나 더 큰 93번째의 새 원소가 태어났다고 생각하였다.

$$_{92}^{238}U + {}_0^1n \rightarrow {}_{92}^{239}U$$

$$_{92}^{239}U \rightarrow {}^{239}93 + e + \nu$$

페르미는 이 일련의 연구에 의해 1938년도 노벨물리학상을 받았는데, 실은 새 원소 발견은 잘못이었고, 먼저 얘기한 것 같이 그 후 한과 슈트라스만의 연구에 의해 뜻밖의 핵분열이 발견되었다(8장-9 참조). 그리고 한은 원자핵분열의 발견으로 1944년도 노벨화학상을 받게 되었다.

이렇게 페르미의 초우라늄 원소 발견은 잘못이었으나 그의 연구 자체는 옳았고, 초우라늄 연구가 페르미에 의해 시작되었음은 틀림없는 사실이다. 결국 원자번호 93, 94번 초우라늄 원소는 그 후 맥밀런과 시보그에 의해 발견되었고, 두 사람은 1951년도 노벨화학상을 수상했다. 이리하여 초우라늄 원소를 둘러싸고 세 번씩이나 노벨상이 수상된 것은 과학사에 길이 남을 만한 일이다.

10.2 우라늄 239는 어디로 가나?

그럼 93번째 원소는 어떻게 발견되었는가? 당시의 주기율표로 보아 원자번호 93번 원소는 레늄을 닮은 성질을 가진다고 생각되었다. 그 때문에 환상의 93번 원소를 에카레늄이라 부르기도 하였으나, 핵분열에 의해 생기는 방사성 핵종은 종류가 많고, 그 핵분열 생성물 속에서 화학적 성질이 밝혀지지 않은 초우라늄을 찾아내는 일은 절망적이라고 생각되었다.

천연 우라늄에는 ^{234}U, ^{235}U, ^{238}U이라는 동위원소가 있다. 우라늄에 중성자를 충돌시켜 만든 생성물 중에 반감기가 23분인 우라늄 동위원소가 있다는 것이 한과 마이트너, 슈트라스만에 의해 발견되었다. 이것은

$$^{238}_{92}U + ^{1}_{0}n \rightarrow ^{239}_{92}U$$

라는 핵반응(중성자 흡수)에 의해 생긴 ^{239}U이다. 이 우라늄의 방사성 동위원소는 베타붕괴한다. 페르미가 초우라늄이라 추정한 것은 핵분열 생성 핵종이었는데, 페르미의 생각은 옳았으며 ^{239}U는 베타붕괴한다는 것도 알아냈다. ^{239}U가 붕괴하여 원자번호가 하나 큰 93번 원소가 생성될 것이었다. 그런데도 그 93번이 아무래도 나타나지 않았다. 많은 연구자의 눈이 새로운

178

핵분열로 향했을 때 뜻밖의 현상이 초우라늄 발견의 실마리가
되었다.

버클리(캘리포니아대학)에 있는 사이클로트론을 사용하여 중
성자로 핵분열을 연구하던 맥밀런은 재미있는 현상을 발견했
다. 우라늄을 중성자로 조사하면 핵분열을 일으켜 둘로 분열된
파편이 큰 에너지를 가지고 튀어나간다. 이 분열된 파편은 질
량이 커서 에너지가 크더라도 투과도가 작다. 맥밀런은 얇은
알루미늄박과 얇은 담배종이를 사용해 이 분열파편의 투과도를
조사하였더니 얇은 우라늄의 시료(터게트)로부터 대부분의 핵분
열 생성 핵종이 튀어나가지만 그 뒤에는 반감기가 23분과 2.3
일이 되는 두 가지 성분이 남는 것을 발견하였다.

이 반감기가 23분인 성분은 우라늄의 동위원소 ^{239}U이며, 핵
분열 같은 큰 에너지를 방출하지 않으므로 터게트에 남는다고
생각된다. 한편 문제는 또 하나 반감기가 2.3일이 되는 성분의
정체였다.

10.3 아깝게 넵투늄의 발견을 놓친 세그레

테크네튬 발견에 빛나는 세그레는 이 반감기가 2.3일이 되는
성분이야말로 93번 원소가 아닐까 생각하고, 이 방사성 핵종의
화학적 성질을 추구하였다. 세그레가 생각한 것은 에카레늄이
었는데, 세그레가 밝혀낸 2.3일의 반감기를 가진 핵종의 화학
적 성질은 레늄도 납도 닮지 않았고 희토류와 비슷했다. 또
2.3일의 반감기를 가진 핵종이 반감기가 23분인 붕괴 생성물
이라는 것도 증명하지 못했다.

맥밀런은 이 세그레가 낸 결론에 의심을 품고 에이벌슨의 협

력을 얻어 실험을 진행하였다. 세그레가 얻은 결론을 증명하기 위해서는 반감기 23일이 되는 성분도 핵분열 생성물이라 생각해야 했다. 이것이 우라늄의 터게트에 남은 것은 다른 핵분열 생성물에 비해 무겁기 때문이라고 할 수밖에 없다. 맥밀런은 우라늄의 터게트를 더 얇게 해 보았는데, 반감기가 2.3일이 되는 성분은 23분짜리 성분과 더불어 터게트 속에 그대로 남았다. 이것은 핵분열 생성물일 가능성이 적다는 것을 의미한다.

그래서 맥밀런은 우라늄에 조사하는 중성자를 카드뮴에 흡수시켜 보았다. 카드뮴은 에너지가 대단히 낮은 중성자를 잘 흡수하기 때문이었다. 그 결과 23분짜리 성분과 핵분열 생성물의 비율은 크게 변하였는데, 2.3일짜리 성분과의 비율은 변함이 없었다. 더욱이 드디어 23분짜리 성분이 붕괴함과 더불어 2.3일짜리의 성분이 증가함을 발견하였다. 이들 사실로부터 맥밀런은 2.3일짜리 성분은 다름 아닌 93번 원소라는 결론에 도달하였다. 1940년 봄에 일어난 일이었다. 세그레는 초우라늄을 발견한 일보 직전에서 아깝게도 놓쳤던 것이다. 이리하여 초우라늄은 맥밀런에 의해 처음으로 발견되었다.

맥밀런은 또 하나 화학적으로 놀랄 만한 사실을 발견하였다. 반감기가 2.3일인 성분은 전에 세그레가 알아낸 것 같이 화학적으로 희토류를 닮았는데, 희토류로부터 분류될 수 있다는 것과 화학적 성질이 레늄을 닮지 않고 우라늄을 닮았다는 것이었다. 과연 주기율표는 초우라늄이 들어갈 곳에서 어떻게 될 것인가. 맥밀런은 그때 우라늄에서 다시 제2의 희토류가 시작되는 것이 아닌가 추측하였다.

아무튼 이 원자번호 93번이 될 새로운 원소는 넵투늄(Np)이라고 이름이 붙여졌다. 우라늄이 태양계 행성인 천왕성(Uranus)의 이름을 땄기 때문에 93번 원소는 천왕성 바깥쪽 행성인 해왕성(Neptune)의 이름을 따서 지었다.

이 우라늄의 동위원소는 베타붕괴하며, 생성물 넵투늄도 역시 베타붕괴한다.

$$^{239}_{92}U \rightarrow {}^{239}_{93}Np + e + \nu$$

$$^{239}_{93}Np \rightarrow {}^{239}94 + e + \nu$$

이 생성물의 원자번호는 94번이 될 것이었다. 맥밀런은 당시로는 다량의 ^{239}Np를 사이클로트론으로 만들어, 그 붕괴 생성물을 찾았으나 발견하지 못했다. 과학자들은 다시 환상의 94번 원소를 발견하려고 노력하게 되었다.

10.4 플루토늄의 발견

앞의 맥밀런이 한 실험으로 ^{239}Np의 붕괴 생성물인 94번 동위원소가 발견되지 않았던 것은 이 동위원소의 반감기가 대단히 길다는 것을 의미한다. 그래서 시보그와 맥밀런 등은 다른 넵투늄 동위원소를 만들려고 시도하였다. 버클리의 사이클로트론으로 가속한 중수소이온을 우라늄에 조사하여 반감기가 2.1일이 되는 새로운 넵투늄의 동위원소를 발견하였다. 이것은 다음과 같은 핵분열에 의한 것이다.

$$^{238}_{92}U + {}^{2}_{1}H \rightarrow {}^{238}_{93}Np + {}^{1}_{0}n + {}^{1}_{0}n$$

이리하여 만들어진 넵투늄은 베타붕괴하며, 화학적으로 분리된 넵투늄에서는 붕괴됨에 따라 알파선이 점차 증가된다는 것

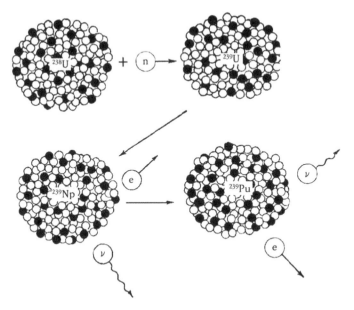

〈그림 89〉 ^{238}U이 중성자를 흡수하여 ^{239}Np와 ^{239}Pu가 만들어진다

이 확인되었다. 이 알파선 복사체야말로 원자번호 94번인 제2의 초우라늄 원소였다. 이 94번 동위원소의 반감기는 나중에 86년이라고 결정되었다. 이 동위원소에 의해 94번 원소의 화학적 성질이 조사되었고, 우라늄과 넵투늄으로부터 화학적으로 분리되었다.

이 94번 원소는 넵투늄을 본따 해왕성 다음 행성인 명왕성 (Pluto)의 이름을 따 플루토늄(Pu)이라 이름 지어졌다. 이 넵투늄과 플루토늄의 붕괴는 다음과 같이 나타낸다.

$$_{93}^{238}Np \rightarrow {}_{94}^{238}Pu + e + \nu$$

$$_{94}^{238}Pu \rightarrow {}_{92}^{234}U + {}_{2}^{4}He$$

이 실험에 이어 시보그와 세그레가 먼저 맥밀런이 발견하지 못한 반감기가 긴 새 원소 ^{239}Pu를 발견하였다. 사이클로트론으로 만든 중성자를 써서 2일간 우라늄 터게트를 조사하여 ^{239}U를 만들어 ^{239}Np 붕괴에 의하여 일어나는 ^{239}Pu의 알파붕괴를 관측하였다.

$$^{239}_{93} Np \rightarrow {}^{239}_{94} Pu + e + \nu$$

$$^{239}_{94} Pu \rightarrow {}^{235}_{92} U + {}^{4}_{2}He$$

이때 측정된 ^{239}Pu의 반감기는 3만 년이었다. 오늘날 정확하게 측정한 바에 의하면 24390년이다. 이 플루토늄의 동위원소는 ^{235}U와 마찬가지로 핵분열을 일으키기 쉽기 때문에 원자로의 원료로 이용된다.

이리하여 페르미가 한 최초의 실험 후 8년이란 세월이 걸려 원자번호 93번과 94번 원소가 확립되었다. 그동안 핵분열이라는 새로운 현상이 발견되었고, 새로운 원자력 시대가 시작되었다. 그러나 주기율표의 어디에 초우라늄 원소가 들어가는가 하는 것은 해결되지 않았다. 제2의 희토류가 존재하는가, 존재한다면 어디서 시작되는가. 거의 완성된 줄 알았던 주기율표에 큰 문제가 나타난 것이다.

10.5 아메리슘과 퀴륨

플루토늄이 발견되고 나서 그 화학적 성질에 관한 연구도 일단락이 지어진 후 시보그는 95번과 96번 원소를 만들려는 연구를 시작했다. 그러기 위해서는 먼저 플루토늄이 눈에 보일 정도의 양이 필요하였다(눈으로 볼 수 있는 최소량은 천칭으로 측정되는 양과 같고, 1μg(1,000만 분의 1g) 정도이다). 1942년에는 사이클로트론으로 만들어진 플루토늄 1μg이 분리되었다. 이것은 최초로 인공 원소를 눈에 보일 만큼 만들어낸 것이었다. 그 후 원자로의 가동에 의해 보다 많은 플루토늄이 만들어지게 되었다.

시보그의 실험은 처음에는 성공하지 못했다. 왜냐하면 95번, 96번 원소는 플루토늄과 비슷한 성질을 가졌다고 생각했기 때문이었다. 한편 넵투늄과 플루토늄의 화학적 성질이 연구되었는데 그 결과 에카레늄 또는 에카오스뮴이라고는 할 수 없게 되었다. 맥밀런의 생각에 따라 넵투늄과 플루토늄은 우라늄의 일족이라고 가정하였기 때문에 95, 96번 실험에 성공하지 못했던 것이다. 그러나 주기율표의 란타넘 바로 밑의 악티늄으로부터 희토류 원소처럼 일군의 원소가 시작된다고 가정함으로써 모든 것이 해결되어 95, 96번 원소의 분리에 성공하였다.

먼저 사이클로트론으로 가속된 헬륨이온으로 플루토늄을 조사함으로써 96번 원소의 동위원소가 발견되었다.

$$\ce{^{239}_{94}}Pu \ + \ \ce{^{4}_{2}}He \ \rightarrow \ \ce{^{242}_{96}}Cm \ + \ \ce{^{1}_{0}}n$$

이 새로운 원소는 퀴리 부부의 이름을 따서 퀴륨(Cm)이라 이름을 붙였다.

95번 원소의 발견은 이보다 한발 늦었지만 1945년 초원자로로 만든 중성자로 조사한 ^{239}Pu의 시료에서 분리되었다.

$$\ce{^{239}_{94}Pu} + \ce{^{1}_{0}n} \rightarrow \ce{^{240}_{94}Pu}$$

$$\ce{^{240}_{94}Pu} + \ce{^{1}_{0}n} \rightarrow \ce{^{241}_{94}Pu}$$

$$\ce{^{241}_{94}Pu} \rightarrow \ce{^{241}_{95}Am} + e + \nu$$

원자로 속에서 만들어진 중성자는 밀도가 높고, 더욱이 원자로는 연속적으로 장시간 가동된다. 그 때문에 원자로에서는 몇 개월에 걸친 중성자 조사도 쉽게 할 수 있고, 중성자를 2개씩 흡수시키는 것도 가능하다. ^{238}U로 보면 합계 3개의 중성자를 흡수한 것이 된다. ^{240}Pu의 반감기는 6580년, ^{238}Pu은 13년, ^{241}Am은 458년이다.

이 95번 원소는 미국의 영어 철자를 따서 아메리슘(Am)이라 이름 지어졌다. 아메리슘과 퀴륨은 각각 유로퓸과 가돌리늄 밑에 배열되는 원소이다. 이렇게 배열하면 이름의 유래도 유럽 밑에 아메리카가 있고, 희토류의 선구적 연구자 가돌린 밑에 퀴리가 오는 것도 알 수 있다. 이들 악티늄에서 시작되는 일군의 원소는 희토류를 닮은 성질을 갖고, 주기율표에서는 희토류 원소 밑에 배열된다. 이 원소를 통틀어 악티니드라고 부른다. 이에 대응하여 란타넘에서 시작되는 희토류 원소는 란타니드라고 불린다.

10.6 버클륨과 칼리포르늄

아메리슘과 퀴륨이 발견되자 다음에는 원자번호 97과 98번 원소의 차례가 되었다. 그것을 얻으려면 아메리슘과 퀴륨이 눈에 보일 정도의 양이 확보되어야 한다. 1940년대 말에는 중성자 밀도가 높은 원자로가 연구용으로 건설되었고, 이 원자로로 밀리그램(1,000분의 1g) 정도의 ^{241}Am이 만들어졌다. 그리고 시보그는 다시 사이클로트론의 헬륨이온으로 이 ^{241}Am을 조사하였다.

$$^{241}_{95}Am + {}^{4}_{2}He \rightarrow {}^{243}_{97}Bk + {}^{1}_{0}n + {}^{1}_{0}n$$

이 반응에 의해 1949년 말 원자번호가 둘 위인 93번 원소가 만들어졌다. 이 동위원소의 반감기는 4.6시간이다. 이 97번 원소는 캘리포니아대학이 있는 버클리시의 이름을 따서 버클륨(Bk)이라 이름을 붙였다.

이 실험에 이어 퀴륨을 캘리포니아대학의 사이클로트론으로 만든 헬륨이온으로 조사하여 다음과 같은 반응에 의해 98번 원소를 얻었다.

$$^{242}Cm + {}^{4}_{2}He \rightarrow {}^{245}_{98}Cf + {}^{1}_{0}n$$

이 98번 원소의 동위원소의 반감기는 44분이다. 이 실험에서 관측된 98번 원자 수는 겨우 5,000개에 지나지 않았으나 방사성을 가졌으므로 원자 수가 적어도 그 존재를 알 수 있었고, 화학적 성질도 알 수 있었다.

이 98번 원소는 발견된 연구소가 소속된 대학 이름과 주의 이름인 캘리포니아를 따서 칼리포르늄(Cf)이라 이름이 붙여졌다. 여기까지의 초우라늄 발견은 시보그가 있는 캘리포니아대학의 역할만 두드러진다.

그런데 눈에 보이지 않는 극히 미량의 초우라늄 원소를 어떻게 발견할 수 있었는가. 버클륨과 칼리포르늄 발견에 중요한

186

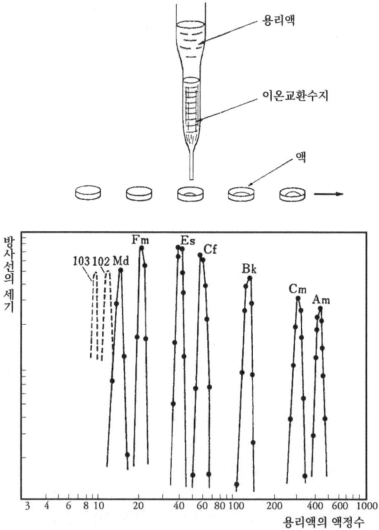

이온교환법에 의한 악티니드의 분리. 원자번호 102와 103번이
만들어질 것으로 예상된다(점선)

〈그림 90〉 이온 교환법과 그에 의한 용리곡선

구실을 한 것은 그 무렵 개발된 새로운 이온 교환법이었다.

이 기술은 양이온을 교환할 수 있는 유기수지 중에 악티니드 또는 란타니드의 3가의 이온 수용액을 넣으면, 이 이온과 수지가 간단한 화학결합을 일으켜 수지와 결합한다. 다음에 이 이온을 녹이는 액(용리액)에 통과시키면 이 이온은 수지에서 분리되어 용해된다. 악티니드와 란타니드도 화학적 성질은 비슷하지만 원소에 따라서는 용해 속도가 달라진다.

이런 성질을 이용하여 〈그림 90〉과 같은 끝이 뾰족한 유리관에 수지를 넣고 위에서 악티니드 용액을 부어 액을 아래로 흐르게 하면 악티니드는 수지와 결합되어 흐르지 않는다. 다음에 위로부터 용리액을 넣고 천천히 떨어뜨리면 용리하기 쉬운 원소부터 차례대로 아래로 내려온다. 용출 순서는 수지와 용리액에 관계되는데 흔히 원자번호 역순으로 용출된다. 더욱이 악티니드와 란타니드의 각 원소의 대응도 분명하므로 이온 교환법에 의해 미량의 악티니드에 속한 원소의 원자번호를 추정하는 것도 가능하다. 이온 교환법은 초우라늄 연구에 큰 구실을 하였다.

10.7 비키니 수소 폭탄 실험에서 발견된 99, 100번 원소

원자번호 99 및 100번 원소는 지금까지와는 다른 경위로 발견되었다.

1952년 11월 태평양의 비키니제도에서 최초의 열핵폭발 실험(수소 폭탄 실험)이 실시되었다. 실험 후 미국 과학자들은 근처의 산호초에서 폭발로 낙하된 물체를 모아 연구를 실시하였다. 시카고 근처의 아르곤 연구소와 뉴멕시코의 로스앨러모스

188

연구소에서 연구한 결과 ^{244}Pu, ^{246}Pu 등 중성자가 많은 플루토늄 동위원소를 발견하였다. 이 동위원소는 ^{238}U이 6개 또는 8개의 중성자를 흡수한 것이다.

이것은 열핵폭발의 지속시간은 극히 짧지만 폭발된 중심 부근에서는 중성자 밀도가 대단히 크고, 중성자 밀도가 높은 원자로로 1년 걸려도 만들 수 없는 중성자가 많은 동위원소가 순간적으로 만들어진 것이다. 8개의 중성자를 연속적으로 흡수한 것이 있으므로, 양은 적어도 10개 이상의 중성자를 흡수한 것도 있었을 것이었다. 이들은 베타붕괴하여 칼리포르늄보다 위의 원자번호를 가진 99 또는 100번 원소임에 틀림없다. 그렇다면 낙하물 속에서 이 원소들이 발견될지 모른다고 생각되었다. 캘리포니아대학의 시보그와 아르곤, 로스앨러모스 두 연구소의 과학자들은 공동으로 99번과 100번을 찾기 시작하였다.

이 세 그룹은 비키니 수소 폭발 현장 근처에서 수집한 몇백 kg이나 되는 산호를 처리하여 이온 교환법으로 분리하였다. 그 결과 반감기 20일로 알파붕괴하는 99번 원소의 동위원소와 반감기 22시간으로 알파붕괴하는 100번 동위원소가 발견되었다. 이때 발견된 동위원소는 $^{253}_{99}Es$과 $^{255}_{100}Fm$였다. 실로 ^{238}U이 17개의 중성자를 흡수한 것이었다.

99번 원소는 상대성이론의 아인슈타인의 이름을 따서 아인슈타이늄(Es), 100번 원소는 원자력의 개척자 페르미의 이름을 따서 페르뮴(Fm)이라 이름을 붙였다.

그 후 중성자 밀도가 높은 원자로에서 플루토늄은 2년에서 3년간 조사되면서 아인슈타이늄이 실험실에서도 만들어지게 되었다. 그렇지만 현재까지 얻어진 아인슈타이늄의 총량은 1μg에

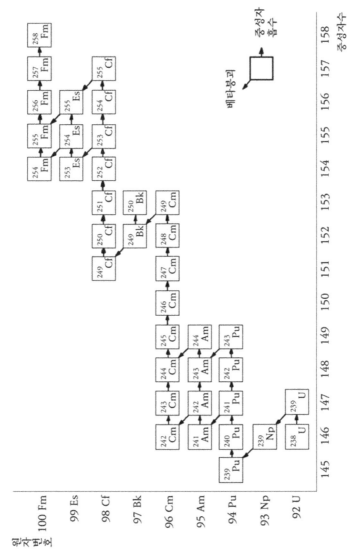

〈그림 91〉 중성자 흡수에 의한 원자핵의 성장. ^{238}U이 중성자 20개를 흡수해 베타붕괴를 반복하여 ^{258}Fm이 된다

190

못 미친다.

중성자를 몇 번이나 흡수하고 베타붕괴를 거듭하면 얼마든지 무거운 원자가 만들어질 것 같이 생각된다. 그러나 실제로는 중성자의 다중 흡수에 의해 무거운 원자를 만들기 어렵다. 그 원인은 중성자를 흡수하면 질량수가 하나 늘지만 동시에 핵분열을 일으킬 확률도 커지기 때문이다. 그것이 중복되기 때문에 중성자의 다중 흡수로 질량수가 큰 것이 만들어질 가능성이 적어진다.

10.8 100만 분의 1마이크로그램을 바탕으로

100번 원소가 발견되고 나서 2년 남짓 세월이 지나자, 버클리의 캘리포니아대학 시보그 그룹은 다시 101번 원소를 만들려는 노력을 시작하였다.

먼저 그 무렵에 입수할 수 있는 한도에서 $^{253}_{99}Es$을 모았다. 그 양은 겨우 원자 10^9개—100만 분의 $1\mu g$이었다. 이것을 사이클로트론으로 가속시킨 헬륨이온으로 조사하여 원자번호가 둘 위인 101번 원소의 동위원소를 만들려는 것이었다.

그때까지 터게트로서는 마이크로그램 이상의 눈에 보이는 양을 사용하였는데, 그때는 그 100만 분의 1이라는 양으로 실험이 실시되었다. 그 때문에 ^{253}Es을 얇은 금박 위에 붙이고 그 뒤쪽에서 사이클로트론으로 만든 헬륨이온으로 조사한다는 특수한 과정을 밟았다. 핵반응을 일으킨 것은 그 기세로 튀어나가므로 이것을 다른 금박으로 받았다. 이 금박에는 원래 터게트 물질은 거의 와 있지 않을 것이다. 이 제2의 금박으로 받은 것을 녹여 이온 교환법으로 101번 원소에 해당하는 것을 모았

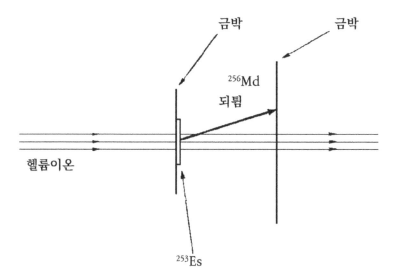

〈그림 92〉 되튄 원자만을 포착하는 장치

다. 3시간 조사를 세 번 되풀이하자 101번에 해당하는 방사성 핵종이 측정되었다. 이때 측정된 원자는 겨우 5개였다.

이 5개의 붕괴는 나중에 얘기하는 자발핵분열(자연적으로 일어나는 핵분열)에 의한 것으로 반감기는 약 3시간이었다. 그때 동시에 이온 교환법으로 페르뮴에서 자발핵분열이 8개 관측되었다. 그 후 보다 많은 아인슈타이늄을 써서 몇천 개의 101번 원자가 만들어졌는데 그것이 만들어지는 반응은 다음과 같다고 생각된다.

$$^{253}_{99}Es \ + \ ^4_2He \ \rightarrow \ ^{256}_{101}Md \ + \ ^1_0 n$$

$$^{256}_{101}Md \ + \ e \ \rightarrow \ ^{256}_{100}Fm \ + \ \nu$$

$$^{256}_{100}Fm \ \rightarrow \ 자발핵분열$$

192

^{256}Md의 반감기는 1.5시간, ^{256}Fm의 반감기는 2.7시간이다 (그림 92).

이 101번 원소는 주기율표를 처음 생각해낸 러시아의 멘델레예프의 이름을 따서 멘델레븀(Md)이라 이름 지었다.

10.9 너무 일렀던 노벨륨의 명명

100번의 페르뮴 동위원소는 반감기가 짧으므로 터게트로서 이용될 수 있는 양을 모을 수 없다. 이 때문에 103번 이상이 되는 원소의 동위원소를 만들기 위해서는 다른 방법을 생각해 내야 했다. 그중 한 방법은 헬륨보다 원자번호가 큰 이온(중이온)을 가속하여 핵반응을 일으키는 것이었다.

스웨덴 스톡홀름에 있는 물리학 연구소에는 대형 사이클로트론이 있어 중이온(탄소, 질소, 산소 등의 이온)의 가속을 실험하였다. 1957년 미국의 아르곤 연구소와 영국의 원자력 연구소의 연구자들은 합동으로 $^{244}_{96}Cm$을 $^{12}_{6}C$ 이온으로 조사하여 겨우 몇 개가 붕괴되는 것을 측정하였고, 반감기 10분으로 알파붕괴하는 원자번호 101번 원소의 동위원소를 발견하였다고 보고했다. 그리고 노벨상의 노벨 이름을 따서 노벨륨이라 이름 붙였다.

그러나 그 후 소련의 두브나에 있는 원자핵 연구소의 플료로프의 연구와 미국 버클리에 있는 캘리포니아대학에서 진행된 연구에 의하면 이 발견이 잘못되었음이 밝혀졌다. 이즈음 두브나 연구소에서는 중이온을 가속하기 위해 매우 큰 사이클로트론이 건설되었고, 또 버클리에서는 중이온을 가속하기 위한 새로운 선형가속기가 완성되었다. 이들 중이온 가속기로 이 두 연구소에서는 초멘델레븀 연구가 본격적으로 진행되었다.

버클리에서는 선형가속기로 $^{246}_{96}Cm$을 터게트로 하여 다음 중이온 반응으로 102번 원소의 동위원소를 발견하였다.

$$^{246}_{96}Cm + ^{12}_{6}C \rightarrow ^{254}102 + 4^{1}_{0}n$$

$$^{254}102 \rightarrow ^{250}_{100}Fm + ^{4}_{2}He$$

이 102번의 동위원소는 반감기 3초로 알파붕괴한다. $4^{1}_{0}n$은 4개의 중성자를 방출한다.

원소의 발견은 국제순수응용화학연합 원자량위원회에서 승인되어야 이름과 기호가 결정된다. 그런데 이 위원회는 성급하게 앞선 스톡홀름의 잘못된 결과와 노벨륨의 명명을 승인해버렸다. 그 후 아무도 새로운 이름을 제안하지 않았으므로 102번 원소 이름은 공중에 떠버렸다. 그러나 보통 노벨륨이라 부르기 때문에 여기서도 노벨륨(No)이라고 부르기로 하겠다.

이어 버클리의 기오소는 중이온 선형가속기로 가속한 붕소 $^{10}_{5}B$과 $^{11}_{5}B$의 이온으로 칼리포르늄을 조사하여 103번 원소의 동위원소를 만들었다. 이것은 반감기 약 8초로 알파붕괴하였다. 이 핵반응은 다음과 같다.

$$^{252}_{98}Cf + ^{11}_{5}B \rightarrow ^{257}_{103}Lr + 6^{1}_{0}n$$

$$^{252}_{98}Cf + ^{10}_{5}B \rightarrow ^{257}_{103}Lr + 5^{1}_{0}n$$

그리하여 사이클로트론 발명자로서, 초우라늄 연구의 메카인 버클리 연구소의 지도자인 로런스를 기리기 위해 103번 원소를 로렌슘(Lr)이라 이름 붙이자고 제안하였다. 1961년의 일이었다.

초우라늄으로 중이온 반응을 일으키기 위해서는 100MeV 이상의 에너지가 필요하다. 102번 이상의 초우라늄을 연구하기 위해서는 이러한 높은 에너지를 가진 중이온 가속기가 중요한 구실을 한다.

10.10 자연으로 핵분열한다—자발핵분열

우라늄에 중성자를 충돌시켰을 때 우라늄이 거의 같게 두 개의 핵으로 분열된다. 중성자만이 아니고 에너지가 높은 수소이온, 헬륨이온 등으로 우라늄이나 토륨을 조사하면 마찬가지로 핵분열이 일어난다. 이것은 중성자 또는 양성자, 헬륨입자가 원자핵 내에 튀어들어 핵이 들뜨게 되면(8장-4 후반부 참조) 핵분열이 일어난다는 것을 뜻한다.

이렇게 들뜬 핵은 핵분열을 일으키기 쉽지만 들뜨지 않는 핵도 핵분열될 가능성이 없는 것은 아니다. 다만 그럴 경우 반감기는 길어질 것이다. 천연 우라늄은 알파선을 방출하고 일정한 반감기를 가지고 붕괴하는데, 천연 우라늄을 그대로 방치해두면 핵분열이 일어날 가능성이 있다. 사실 극히 미소하지만 자연으로 우라늄이 핵분열을 일으키는 현상이 관측되었다. ^{238}U은 알파붕괴의 100만 분의 1 정도는 이런 식의 핵분열을 일으킨다. 이것을 **자발핵분열**이라 한다. 이 자발핵분열은 소련의 플료로프에 의해 발견되었다.

같은 천연 방사성 물질이라도 토륨에서는 자발핵분열이 관측되지 않는다. ^{238}U의 반감기는 45억 년(4.5×10^9년)이다. 자발핵분열은 약 100만 분의 1이므로, 만약 ^{238}U이 알파붕괴되지

않고 자발핵분열만으로 붕괴하였다면 그 반감기는 ~5×10^{15}년
으로 길어진다. 이러한 반감기를 자발핵분열의 **부분반감기**라고
부른다. 자발핵분열의 확률(일어나기 쉬움)은 이 부분반감기에
반비례한다.

초우라늄에서는 원자번호가 커짐에 따라 자발핵분열의 부분
반감기가 점차 짧아진다. 퀴륨에서는 ^{240}Cm의 49만 년, 칼리
포르늄에서는 ^{252}Cf의 85년, 페르뮴에서는 ^{254}Fm의 240일이라
는 짧은 기간도 있고 노벨륨에서는 1시간 이하짜리까지 있다.
이렇게 원자번호가 큰 것일수록 반감기가 짧아져 간다면 104
번 이상에서는 자발핵분열의 부분반감기가 짧아 핵종의 반감기
는 아주 짧아질 것 같다.

10.11 105번, 106번 원소를 둘러싼 미소 경쟁

자발핵분열의 발견자 플료로프는 소련의 두브나에 있는 원자
핵 연구소에 세계 최대의 중이온 가속용 사이클로트론을 사용
하여 101번 이상의 원소의 동위원소를 연구하였다. 그리하여
드디어 1964년에 버클리 그룹보다 앞서 104번 원소를 발견하
였다.

플료로프는 사이클로트론으로 네온이온을 가속하여 플루토늄
을 조사하였다. 그 결과

$$^{242}_{94}Pu + ^{22}_{10}Ne \rightarrow ^{260}104 + 4^{1}_{0}n$$

라는 반응에 의해 104번 원소의 동위원소가 만들어졌다. 그것
은 0.3초의 반감기로 자발핵분열하였다. 플료로프는 이 원소를
쿠르차토븀(러더포듐)이라고 이름 붙이자고 제안하였다.

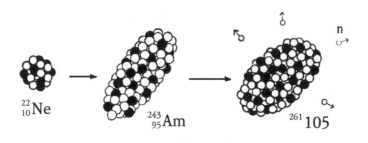

$^{22}_{10}Ne$ $^{243}_{95}Am$ $^{261}105$

〈그림 93〉 105번 원소의 생성

다시 한 번 새로운 주기율표를 보자. 제2희토류인 악티니드는 제1희토류인 란타니드 밑에 배열되고, 란타니드의 마지막 루테튬 밑에 103번 로렌슘이 온다. 즉 악티니드는 로렌슘으로 끝나고 104번은 하프늄 밑에 올 것이다.

두브나 연구소에서 0.3초의 반감기를 가진 동위원소에 의하여 104번 원소의 화학적 성질이 조사되었다. 희토류의 염화물은 1,500℃ 이상의 고온이 안 되면 증발되기 어려운데 제4족의 염화물은 증발하기 쉽고, 하프늄의 염화물은 315℃에서 증발된다. 초우라늄의 악티니드에서도 같은 일이 일어날 것이며, 노벨륨과 로렌슘의 염화물은 증발하지 않지만, 104번 원소의 동위원소의 염화물은 쉽게 증발한다는 것을 확인하였다. 이것은 주기율표가 가로로 두 줄씩 쌍이 되어 배열됨을 나타내는 중요한 실험이었다.

그 후 플료로프는 105번 원소의 연구를 진행하였다. 1967년 일본 도쿄에서 열린 원자핵에 관한 국제회의에서 알파붕괴하는 반감기 0.1에서 3초인 105번 동위원소를 발견하였다고 처음으로 언급하여 하나의 하이라이트가 되었다. 그리고 그 상세한 실험 내용은 1971년에 보고되었다. 그에 의하면 아메리슘을 네온이온으로 조사하여 다음과 같은 반응으로 105번 원소의 동위원소를 얻었다.

$$^{243}_{95}Am + {}^{22}_{10}Ne \rightarrow {}^{261}105 + 4{}^{1}_{0}n$$

이 동위원소의 반감기는 약 1.8초였다. 알파붕괴도 하는 것으로 생각되는데 이때 플료로프는 자발핵분열을 측정하였다. 질량수는 261이라 추정되었다.

이 보고와 전후하여 버클리의 기오소도 다음과 같은 반응으로 105번 원소의 동위원소를 발견하였다고 보고하였다.

$$^{249}_{98}Cf + {}^{15}_{7}N \rightarrow {}^{260}105 + 4{}^{1}_{0}n$$

이 동위원소는 반감기 1.6초로 알파붕괴한다고 했다. 그 후 기오소의 연구에 의해 질량수 261과 262가 되는 동위원소도 발견되었고, 반감기는 각각 1.8초와 40초로 알파붕괴했다.

처음에 기오소는 플료로프의 실험이 잘못된 것이라고 들고 나섰고, 플료로프는 이에 반박하였다. 그러나 그 후의 연구를 보면 질량 261에서 둘의 반감기는 잘 일치되며 알파붕괴의 에너지도 처음에는 플료로프가 발견한 것의 값이 조금 높았는데 그 후의 보고에 의하면 둘의 차가 없다.

또 최근 두브나 및 버클리 연구진이 106번 원소를 발견하였다고 보고하였다. 두브나의 플료로프는 지금까지 한 실험처럼 플루토늄이나 아메리슘 등의 초우라늄을 중이온으로 조사하여 새로운 원소를 만드는 것은 105번이 한계라고 생각하고, 이번에는 보다 안정한 매직수를 가진 납을 중이온으로 조사하여 다

음과 같은 반응으로

$$\left.\begin{array}{l} {}^{207}_{82}Pb \\[2em] {}^{208}_{82}Pb \end{array}\right\} + {}^{54}_{24}Cr \rightarrow {}^{259}106 + \left\{\begin{array}{l} 2{}^{1}_{0}n \\[2em] 3{}^{1}_{0}n \end{array}\right.$$

106번 원소를 만드는 데 성공하였다는 것이다. 이 동위원소의 반감기는 아주 짧아 약 0.01초이다. 한편 버클리에서는 겨우 $259\mu g$의 ^{249}Cf를 사용하여

$$ {}^{249}_{98}Cf + {}^{18}_{8}O \rightarrow {}^{263}106 + 4{}^{1}_{0}n $$

라는 핵반응에 의해 106번 원소를 발견하였다고 했다. 이 106번 동위원소의 반감기는 0.9초이다. 초우라늄을 발견하려는 연구는 더욱더 어렵게 되고 있지만, 이후에도 107, 108번 원소를 발견하려는 노력은 계속될 것이다.

10.12 초우라늄은 천연으로 존재하는가?

지금까지 얘기해온 것 같이 초우라늄 원소는 이미 수십 개나 발견되었다. 플루토늄의 동위원소는 이미 톤 단위로 제조되어 원자력 에너지로 이용되고 있다. 천연으로 존재하는 원소는 우라늄까지라고 하는데 신이 우주를 창조하였을 때 초우라늄을 만드는 것을 잊어버렸을까. 초우라늄은 정말 천연으로 존재하지 않을까?

넵투늄에는 반감기가 대단히 긴 동위원소가 없으므로 기대할 수 없겠지만, 플루토늄에는 반감기가 긴 동위원소가 있으므로 미량이라도 천연으로 존재할 가능성이 있다.

한편 플루토늄이 천연으로 존재한다면 다음과 같은 두 가지

가능성이 추측된다.

첫째는 우라늄 광석 중에서 ^{238}U이 중성자를 흡수하고 그것이 베타붕괴하여 ^{239}Pu가 만들어질 가능성이다. ^{239}Pu의 반감기는 2만 4000년이므로 상시 만들어져 우라늄 광석 속에 극히 미량 축적된다. 이 중성자원으로서는 우주선 중의 중성자도 생각할 수 있는데, 우라늄과 그 붕괴 생성 핵종의 알파선이 광석 중의 산소핵에서 핵반응을 일으켜 발생하는 중성자와 우라늄의 자발핵분열에 수반되는 중성자가 주된 것일 것이다. 사실 시보그는 우라늄 광석 중에서 우라늄의 약 1,000억 분의 1(10^{-11})의 ^{239}Pu를 발견하였다.

둘째는, 원소의 창생에 관련하여 다음 가능성을 생각할 수 있다. 지구 또는 태양계는 약 45억 년 전에 태어났다고 말한다. ^{238}U의 반감기는 45억 년이므로 지구에 많이 남아 있을 것이다. 반감기 7억 년의 ^{235}U는 지구의 나이에 비해 반감기가 짧으므로 ^{238}U에 비해 겨우 0.7%밖에 존재하지 않는다. 가벼운 원소는 따로 치고 대부분의 원소는 45억 년 이전에 중성자 밀도가 높은 곳에서 중성자 흡수에 의해 만들어졌다고 생각된다. 이 생각이 옳다면 45억 년 전에는 중성자 흡수에 의해 플루토늄도 만들어졌고, 몇 종류의 플루토늄 동위원소는 천연으로 존재하였을 것이다.

플루토늄의 동위원소 중에서 제일 반감기가 긴 것은 7600만 년인 ^{244}Pu이다. 반감기 때마다 반감하므로 40억 년 지나면

$$\frac{40억 \ 년}{0.76억 \ 년} \approx 50$$

$$2^{-50} \approx 10^{-15}$$

이 된다. 즉 40억 년 전에 ^{244}Pu가 1,000t 있었다면 현재는 겨우 1μg으로 감소하였다는 계산이 된다. 플루토늄의 화학적 성질은 우라늄과 비슷하므로 우라늄 광석 속에서 플루토늄이 잔존할지 모른다. 이런 생각에 따라 현재 최고의 감도를 가졌다고 생각되는 미량분석용 질량분석기에 의해 ^{244}Pu가 탐색되고 있다. 이 장치는 원자가 약 1,000만 개만 있으면 검출이 가능하다. 어쩌면 감도가 나쁜 것 같이 들리지만 10^{-17}g, 즉 1,000억 분의 1μg을 감지할 수 있는 감도이다. 이 장치를 써서 85kg의 광석 중에 2,000만 개(8×10^{-15}g)의 ^{244}Pu 원자의 존재가 실증되었다.

결국 초우라늄은 천연으로 존재하였다. 첫 번째의 ^{239}Pu가 천연에 존재한다고 말할 수 없을지 모른다. 그러나 두 번째의 ^{244}Pu는 진짜로 천연으로 존재한다. 우주를 창조한 신도 초우라늄 만드는 것을 잊지 않은 것이다!

제11장

원소의 한계—초중원소

11.1 초우라늄 원소는 어디까지 계속되는가?

넵투늄으로부터 순차적으로 초우라늄 원소가 생성, 발견되었고 최근 원자번호 105, 106번까지 발견되었다. 앞으로 초우라늄 원소는 어디까지 계속될 것인가. 110번, 120번의 원자도 만들 수 있을까. 초우라늄 원소의 반감기가 긴 동위원소를 알아보면

$^{238}_{92}U$	45억 년
$^{244}_{94}Pu$	7600만 년
$^{247}_{96}Cm$	1600만 년
$^{251}_{98}Cf$	800년
$^{257}_{100}Fm$	80일

과 같이 원자번호가 커지면 반감기는 짧아져 104번은 초 정도로 짧아진다. 이렇게 나가면 110번이 발견되어도 길어야 100만 분의 1초밖에 안 되기 쉽다. 그렇게 되면 더 이상 큰 원자번호를 가진 원소는 존재하지 않는다는 이야기가 될지도 모른다. 그런데 106번 원소를 보면 그렇게까지 반감기가 짧아지지 않기 때문에 더 무거운 초우라늄 원소가 존재할 것이라고 기대할 수 있을 것 같다. 110번 이상의 원소가 존재하는가 어떤가는, 먼저 그 부근의 핵종의 반감기를 추정할 필요가 있다. 그러려면 원자핵의 안정성에 관한 '매직수'와 '핵의 변형'에 대해 검토를 시작해야 한다(그림 94).

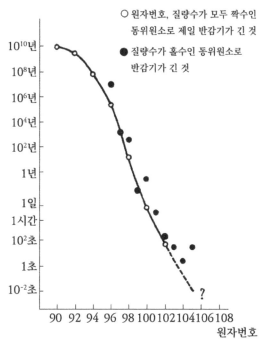

〈그림 94〉 초우라늄의 반감기

11.2 매직수와 변형핵

원자핵의 **매직수**라고 불리는 것이 있다. 양성자수 및 중성자수가 2, 8, 20, 28, 50, 82가 되는 것과 중성자수가 126이 되는 것은 매직수라고 부르는데, 이 매직수를 가진 핵은 대단히 안정하다. 예를 들면 원자번호 50번인 주석은 안정한 동위원소가 많고, 중성자수 126의 ^{209}Bi는 우리가 아는 제일 무거운 안정핵이다. 그 밖에 원자핵의 여러 성질로부터 매직수를 가진 핵이 안정하다는 것이 알려졌다.

원자인 경우, 원자번호 2, 10, 18, 36, 54, 86번은 희유기

204

〈표 4〉 매직수

| 중성자수 | 2 | 8 | 20 | 28 | 50 | 82 | 126 | (184) |
| 양성자수 | 2 | 8 | 20 | 28 | 50 | 82 | (116) | (126) |

체로서 화학적으로 안정하였다(그림 47). 매직수는 이와는 수치가 다르지만 비슷한 성질을 가졌다. 희유기체는 전자 궤도가 만원인 것처럼 원자핵에서의 양성자 또는 중성자에도 궤도가 있고 매직수가 되는 곳에서 만원이 된다고 여겨진다.

원자핵의 또 다른 뚜렷한 성질은 변형핵이 존재한다는 것이다. 보통 원자핵은 구형이라 생각되는데 양성자수(원자번호)와 중성자수가 매직수와 동떨어진 원자핵은 구형이 아니고 회전타원체상의 변형핵을 가졌다고 생각된다. 가장 뚜렷한 변형핵은 질량수 24 부근과 희토류 부근의 질량수 150 부근에서 190 부근에 걸친 것과 라듐에서 초우라늄에 걸친 세 곳이다.

원자핵이 왜 변형되는가를 한마디로 말하기는 어렵지만 핵이 들뜬상태가 되었을 때에 구형핵에서는 나타나지 않는 '회전준위'라고 불리는 현상이 나타나므로 변형핵이 생긴다고 우선 말해 두겠다.

핵분열(8장-9 참조)이 일어나는 것은 우라늄 등 무거운 핵의 결합 에너지가 작고, 질량수가 100 전후가 되는 핵에 비해 불안정하기 때문인데 또 다른 중요한 일이 있다. 핵분열할 때 핵은 길게 늘어나 잘리는 것 같이 둘로 쪼개진다. 그러므로 원래 변형된 핵은 핵분열을 일으키기 쉽고, 구형으로 된 원자핵은 핵분열이 일어나기 어려울 것이다. 그래서 원자번호가 큰 초우라늄의 중성자나 양성자수가 다음 매직수까지 가면 자발적 분

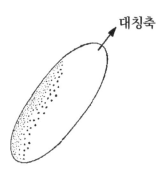

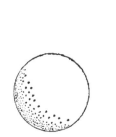

〈그림 95〉 구형핵(좌)과 변형핵(우)

열의 반감기가 길어진다. 즉 비교적 안정도가 높아질 가능성이 있다.

초우라늄 원소의 동위원소에는 알파붕괴하는 것이 많다. 알파붕괴의 반감기는 알파선이 가진 에너지가 클수록 짧아진다. 결합 에너지가 큰 핵에서는 알파붕괴해도 방사되는 알파선의 에너지는 작아지고 반감기는 길다. 매직수를 가진 핵은 일반적으로 결합 에너지가 크고 그 전후의 원자번호를 가진 원소에 비해 알파붕괴하는 반감기가 길다고 기대된다.

납의 동위원소 ^{208}Pb은 양성자수 82, 중성자수도 126이어서 모두 매직수가 된다. 이 부근부터 위로 초우라늄에 걸쳐서는 매직수를 가진 것이 없다. 그러나 82까지는 중성자와 양성자의 매직수가 같으므로 양성자 다음 매직수가 중성자와 같은 126이라고 생각하는 것이 자연스럽다.

매직수를 이론적으로 확인한 것은 마이어와 옌젠이다. 그들은 「껍질모형」이라 불리는 이론에 의해 원자의 희유기체와는 달라 원자핵인 경우 특히 안정한 것이 2, 8, 20……에 나타나는 것을 보였다. 이 껍질모형에 의하면 다음 매직수는 양성자

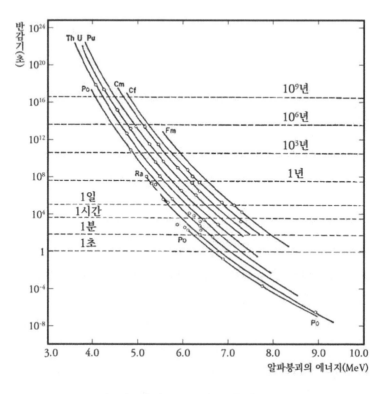

〈그림 96〉 알파붕괴의 에너지와 반감기

가 126, 중성자가 184이다. 그러나 최근에 실시된 복잡한 계산에 의하면 양성자의 다음 매직수는 116일 가능성이 크다는 것이다.

컴퓨터에 의한 복잡한 계산에도 몇 가지 가정이 있으므로 양성자 다음의 매직수가 116인지 126인지는 확실하지 않다. 그러나 다음에 얘기하는 것 같이 다음의 매직수인 184개의 중성자를 가진 핵이 원자번호 116 부근에 나타나 이것이 중요한 구실을 할 것으로 생각된다.

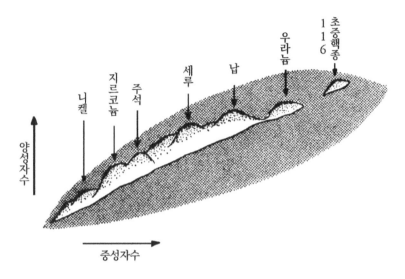

〈그림 97〉 안정핵종의 대륙과 초중핵종의 섬. 높이는 안정성을 나타내며, 산은 매직수에 해당한다

11.3 환상의 초중원소

앞에서 얘기한 초우라늄은 원자번호가 커짐에 따라 반감기가 짧아진다. 지금까지 얘기한 매직수를 가진 핵은 대단히 안정하므로 초우라늄 핵종이라도 매직수까지 오면 다시 안정하게 될 가능성이 있다. 이런 사실에서 원자번호 116 부근(중성자수 184)과 126인 핵종에 안정하다고까지 할 수 없더라도 반감기가 긴 핵종이 존재할 것이 기대된다.

가로축에 중성자수를, 세로축에 원자번호를 취하고 안정핵이 존재하는 곳을 칠해 보면 활 모양의 긴 섬이 생긴다. 이것은 섬이라기보다는 긴 대륙이라고 생각하는 편이 좋을지 모른다.

원자번호 100을 지나면 반감기가 대단히 짧아지고 나서 다시 반감기가 긴 핵종이 존재한다고 하면 이 긴 대륙 앞에 뜬 섬 같은 느낌이 난다. 이 환상의 무거운 장수명핵을 **초중핵**, 또 그 원소를 **초중원소**라고 부른다(그림 97).

이 환상의 섬은 장차 연구가 진척되면 존재가 밝혀지든가, 또는 아틀란티스 대륙처럼 하룻밤 사이에 없어질 것인가 대단히 흥미롭다.

그럼 이 초중핵종을 어떻게 찾아낼 수 있을까. 또 어떻게 만들 수 있는가. 이것은 상당한 난문이다. 먼저 그 반감기에 대해 생각해 보자.

11.4 초중핵종의 반감기

초중핵종의 반감기를 추정하기 위해서는 알파붕괴, 베타붕괴, 자발핵분열의 세 가지 붕괴의 반감기를 추정해야 한다. 이 세 가지 중 어느 하나라도 반감기가 짧은 것이 있으면, 그 핵종의 반감기는 짧아져 버린다.

먼저 베타붕괴의 반감기에 대해 생각해 보자.

비스무트 이하 천연으로 존재하는 안정핵종에 대해 중성자와 양성자의 관계를 조사하면 간단한 법칙성이 있다. 필자가 조사한 바로는 원자번호 40 이상에서 질량수 A를 가진 안정핵종은 원자번호

$$Z = 0.361A + 7.76$$

부근에 있다. A가 짝수인 때는 이 식으로 주어지는 Z에 가까운 양쪽 짝수 값이 안정핵종이며, A가 홀수인 때는 이 Z에 가

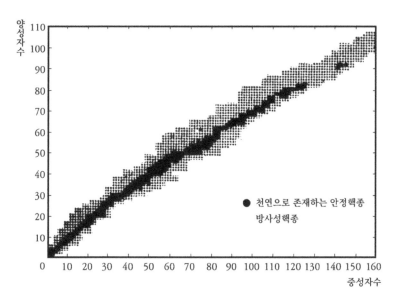

<그림 98> 핵종 분포도

까운 정수가 안정핵종이 된다. 예외는 원자번호 40에서 100까
지의 몇 개밖에 안 된다.

비스무트보다 무거운 방사성 핵종으로 알파붕괴해도 베타붕
괴를 하지 않는 핵종이 있어서 이들을 베타안정 핵종이라 부른
다. ^{226}Ra, ^{238}U, ^{239}Pu 등은 베타안정 핵종으로 알파붕괴해도
베타붕괴는 하지 않는다. 이들 방사성 핵종을 비롯하여 원자번
호 100인 ^{255}Fm까지 이 법칙이 적용된다.

이 경험법칙을 연장하여 초중원소 영역에서 베타안정 핵종을
구할 수 있다. 특히 중성자수 184, 양성자수 126인 매직수를
가진 베타안정 핵종은

^{298}114, ^{299}115, ^{300}116, ^{302}118

$$^{322}126, \ ^{324}126, \ ^{326}126, \ ^{327}126, \ ^{328}126, \ ^{330}126, \ ^{332}126$$

이다. 일반적으로 베타붕괴하는 반감기는 베타안정 핵종 부근에서는 길고, 거기서 멀어질수록 짧아진다.

다음은 알파붕괴하는 반감기인데, 이것은 방사되는 알파선이 에너지에 의해 결정되며, 에너지가 작을수록 반감기가 길어진다. 비교적 간단한 원자핵의 결합 에너지 계산으로부터 일반적으로 원자번호가 커짐에 따라 알파선 에너지가 높아짐을 알 수 있다. 또 중성자수 184인 매직수를 가진 것은 그 전후에 있는 것보다 에너지가 낮아진다.

알파선의 에너지를 알면 그 반감기를 이론식으로 구할 수 있다. 알파선 에너지를 추정하는 데 오차가 있으므로 반감기가 크게 달라지는데, 중성자수 184인 핵종의 알파붕괴의 반감기는 $^{298}114$이 약 1년, $^{294}110$가 약 1억 년이라 한다. 원자번호 126은 반감기가 아주 짧고 1초보다도 훨씬 짧아질 것이다.

끝으로 자발핵분열의 반감기를 추정해 보자. 이것은 많은 사람들이 이론적으로 추정하였는데, 값에도 상당한 폭이 있고 사람에 따라서도 다르다. 유감스럽게도 현재의 이론으로는 매직수인 데서는 자발핵분열의 반감기가 길 것 같다는 것밖에 말할 수 없다. 매직수를 가진 초중핵종에서는 자발핵분열의 반감기는 알파붕괴의 반감기 정도라고 생각해도 될 것 같다.

이것을 종합하면 반감기가 긴 장수명 핵종은

$$^{296}112, \ ^{298}114, \ ^{299}116, \ ^{300}116$$

근방에 있다고 할 수 있겠다. 그리고 반감기가 몇 년이 넘는 장수명 핵종이 존재할 가능성도 있다고 할 수 있다. 그러므로

1억 년 정도짜리가 존재할 것이라고 생각하는 사람도 있다.

11.5 초중원소는 천연으로 존재하는가?

장수명을 가진 초중핵종이 있다면 그것을 알고 싶어 하는 것은 당연하다. 앞에서 얘기한 것 같이 반감기를 추정하는 데는 상당한 폭이 있으므로 반감기가 1억 년 이상짜리가 없다고는 단정할 수 없다. 1억 년 이상의 반감기를 가진 것이 있다고 가정하고, 그것이 우주의 시작에서든지 천지 창조 때 만들어졌다면 미소하게나마 지구상이나 하늘에서 떨어지는 운석 중에 포함될지도 모를 일이다.

천지 창조 때 중성자 밀도가 대단히 높고, 원자핵은 중성자 흡수와 베타붕괴를 되풀이하여 질량수가 큰 핵이 만들어지고, 우라늄과 플루토늄을 거쳐 질량수 300 부근까지 성장할 가능성도 있다. 그러기 위해서 원자번호 110 근방에서 자발핵분열의 반감기가 너무 짧아지면(10^{-6}초 이하) 원자핵이 중성자를 흡수하여 성장하지 못하게 된다.

자발핵분열의 반감기가 그렇게까지 짧아지지 않더라도 원자번호가 100을 넘으면 중성자를 흡수하여 핵분열하는 비율이 커져 중성자를 흡수하여 질량수가 하나 더 큰 핵종이 생길 확률이 대단히 작아진다. 이런 곳을 몇 번씩 통과하게 된다면 천지 창조를 하신 신도 초중원소를 만들 수 없었을 것이다.

이런 일들이 모두 잘되었다면, 천지 창조 때에 초중원소가 만들어져 지금도 어딘가에 미량이라도 남았음이 기대된다.

이런 기대를 걸고 원자번호 114, 116 부근의 초중원소를 지금도 계속 탐구하고 있다. 그런 시도 중의 하나는 초중핵종의 자발핵분열을 측정하려는 것이다. 초중핵종은 알파붕괴한다 해도 한 번 내지 세 번 알파붕괴한 뒤 자발핵분열할 가능성이 크다. 자발핵분열을 직접 측정하는 것도 생각할 수 있으나, 그때 방사되는 중성자를 측정할 수도 있다. 초중핵종이 핵분열할 때는 우라늄과 플루토늄보다 많은 중성자를 방사한다고 추정된다. 중성자는 물질을 투과하는 투과도가 크므로 대량의 시료가 한 번에 측정된다. 중성자에만 감도가 높은 검출기를 사용하면, 시료 중에 포함되는 극히 근소한 자발핵분열을 일으키기 쉬운 물질을 찾아낼 수 있을 것이다.

이런 목적을 위해 대형 중성자 검출기가 만들어져 다수의 금속과 광석을 시료로 하여 10kg에서 수십 kg씩 측정하였다. 특히 원자번호 114번 원소는 주기율표에서는 납 밑에 오기 때문에 각종 납광석을 측정하였다. 그러나 초중핵종이 존재함을 시사하는 결과는 얻지 못했다. 초중핵종의 반감기를 10억 년이라 하면, 시료 중에 100조 분의 1 이하(10^{-14})밖에 존재하지 않을 것이다. 이것은 63빌딩만 한 광석을 처리해도 초중핵종을 귀지만큼밖에 얻을 수 없다는 것을 의미하므로 쉽게 발견되지 않는 것이 당연하다.

11.6 초중원소의 흔적을 찾는다

다음에 초중핵종의 반감기가 1억 년 이하, 100만 년 이상이라면 태양과 초신성 속 같은 혼돈 시대를 살아내고 지구의 암석이 형성될 무렵에까지 일부는 남아 있었을 가능성이 있다. 지금 초중핵종이 천연으로 발견되지 않는다 해도 그 흔적을 볼 수 있을지 모른다. 그 '흔적'은 어떻게 찾을 수 있는가.

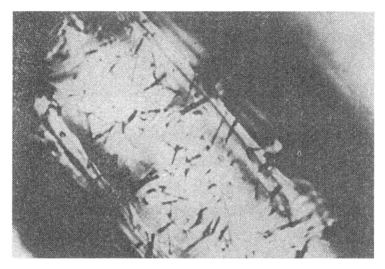

〈그림 99〉 핵분열의 '화석'—피션트랙

　초중핵종은 결국 자발핵분열한다고 생각해도 될 것이다. 크립톤이나 제논은 극히 소량이라도 동위원소 분석기로 그 동위원소의 존재비율이 측정된다. 자발핵분열에 의해 태어나는 동위원소의 존재비율은 원래의 핵종에 관계있다. 운석 중의 크립톤과 제논의 동위원소의 존재비율 중에서 ^{86}Kr과 ^{136}Xe이 다른 것에 비해 이상적으로 많은 운석이 있다. 이들 중 어떤 것은 ^{244}Pu가 원래 포함되어 있어 이것의 핵분열 때문이라고 생각하면 설명할 수 있는데, 그래도 석연치 않은 부분이 남는다. 이것은 초중핵종이 존재하였다고 가정하면 납득이 간다. 그러나 초중핵종이 어떤 핵분열을 하는지 밝혀지지 않았으므로 추측에 지나지 않는다.

　또 다른 방법은 핵분열의 '화석'을 찾는 일이다. 암석이나 운석 중에 있는 우라늄 또는 초우라늄이 핵분열을 일으키면 핵분열편이 통과한 길을 따라 결정이 파괴된다. 이것을 피션트랙이라 부른다. 이 파괴된 자국은 몇억 년 동안 암석 중에 보존된다. 어떻게 그렇게 오랫동안 변화하지 않는가 하고 이상하게 생각할지 모르지만, 수억 년 전의 생물 화석이 남는 것처럼 핵분열 기록이 암석 중에도 남아 있다(그림 99).

암석을 절단하고 에칭(Etching)하여 이 암석의 상처를 현미경으로 확대해 볼 수 있다. 핵분열편이 암석 중에서 몇기까지 운동한 거리는 근소하지만, 이 거리로부터 핵분열편의 에너지가 추정된다. 초중핵종의 핵분열 에너지는 크기 때문에 ^{235}U, ^{238}U, ^{244}Pu등의 핵분열과 구별하는 것도 불가능하지 않고, 운석이나 달의 모래 속에 초중핵종이 핵분열한 것으로 봐야 하는 증거가 발견되었다는 보고가 있었다.

이렇게 초중핵종이 존재하였음을 지지하는 실험도 있지만 부정적인 것도 많다. 현재로는 반감기가 긴 초중핵종이 천연으로 존재한다든가, 예전에 존재하였다는 결정적인 관측은 없었다고 해도 될 것이다. 이것이 반감기가 긴 초중핵종이 존재하지 않음을 의미하는가, 아니면 현재의 예측이 잘못되었음을 의미하는가는 앞으로 해결해야 할 문제이다.

11.7 초중핵종은 만들 수 있는가?

천연으로 존재할지 모르는 초중원소를 찾는 한편, 초중원소를 합성하려는 시도도 진행되고 있다. 초우라늄 원소를 105, 106, 107의 차례로 합성하려는 노력도 계속되고 있는데, 한편에서는 단번에 114, 116번 원소를 합성하려 하고 있다(그림 100).

초중핵종의 반감기가 짧다면 천연으로 존재함을 기대할 수

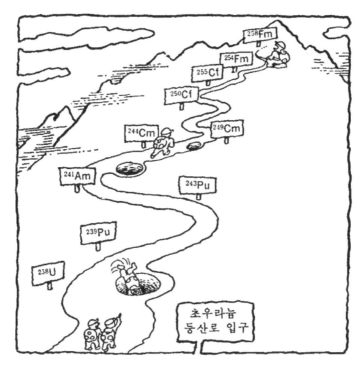

<그림 100> 초중핵종을 만드는 도정. 초중핵종을 중성자 흡수로 만드
는 길은 점점 좁고, 도중에 핵분열의 큰 구멍이 있고,
^{258}Fm 이상 올라가는 길을 찾을 수 없다

없다. 이때는 인공적으로 합성해야 한다. 반감기가 긴 초중핵종
이 있고 그것을 합성할 수 있다고 해도, 우선 양이 적어 측정
할 수 없을 것이다. 그러나 그 주위에는 보다 반감기가 짧은
측정 가능한 것이 존재할 것으로 기대된다.

첫 번째 시도는 아인슈타이늄이나 페르뮴이 발견되었을 때처
럼 중성자 밀도가 높은 수소 폭탄 실험 중에 많은 중성자를 흡
수시키는 방법이다. 수소 폭탄은 중성자 밀도가 대단히 높고 1

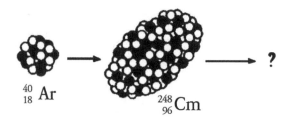

$^{40}_{18}$Ar → $^{248}_{96}$Cm → ?

〈그림 101〉 중이온에 의한 초중핵의 합성

㎤당 10^{25}개의 중성자가 존재한다. 그리고 극히 단시간(10^{-6}초 이하) 동안 폭발 속에 넣은 우라늄이 20개 가까운 중성자를 흡수하여 ^{257}Fm까지의 초우라늄이 만들어졌다. 그러나 플루토늄이나 아메리슘 같은 보다 무거운 원소를 사용하면, 오히려 무거운 생성핵종량이 감소하였다. 또 중성자 밀도를 올려도 ^{257}Fm보다 무거운 것은 만들어지지 않았다.

이것은 ^{258}Fm이 반감기가 380마이크로초로 자발핵분열하기 때문이다. 질량수 258이 넘을 수 없는 관문이며, 무슨 방법으로든 이것을 넘지 않는 한 더 무거운 원소는 만들 수 없다. 그러나 이것을 넘어선다고 해도 보다 어려운 관문이 그 앞에도 몇 가지 있을 것이므로, 이를 모두 넘어 초중원소 영역으로 들어서기 위해서는 높은 중성자 밀도를 지속시킬 수 있는 핵융합로가 완성될 때까지 기다려야 한다고 생각된다.

이렇게 중성자의 다중 흡수에 의해 무거운 핵종을 만드는 방법은 중성자가 많은 동위원소가 잘 만들어진다는 이점이 있다. 앞에서 얘기한 것처럼 중성자가 많은 동위원소 쪽이 알파붕괴와 자발핵분열의 반감기가 길어서 유리한데, 이것이 안 된다면 중이온에 의해 단번에 원자번호가 큰 핵종의 합성을 시도하는 편이 좋을지 모른다. 다만 중이온으로 합성하면 아무리 해도 중성자가 적은 것밖에 만들 수 없다는 난점이 있다(그림 101).

최초의 시도는 버클리 연구소에서 아르곤이온을 가속하여

$$^{248}_{96}Cm + ^{40}_{18}Ar \rightarrow ^{284}114 + 4n?$$

라는 반응에 의해 시도되었다. 114번 동위원소의 생성에 기대를 걸고 자발핵분열하는 것을 찾았으나 발견할 수 없었다.

다음 시도는 프랑스에서 실시되었다. 사이클로트론으로 크립톤의 가속에 성공하였으므로

$$^{232}_{90}Th + ^{84}_{36}Kr \rightarrow ^{304}120 + 3\,^4_2He$$

$$^{238}_{92}U + ^{86}_{36}Kr \rightarrow ^{300}116 + 6\,^4_2He$$

같은 반응을 사용하면, 중성자수 184를 가진 핵종이 만들어질 가능성이 있다. 이 반응식의 ^{4}He는 반드시 반응 때 전부 방사되지 않더라도 알파붕괴한다고 해도 된다. 이렇게 중성자를 전혀 방사하지 않는 반응은 적고, 대부분은 핵분열과 중성자를 방사하는 반응이 아닌가 생각된다. 프랑스에서도 아직 초중핵종 합성에는 성공하지 못한 것 같다.

11.8 우라늄과 우라늄을 충돌시킨다!

이러한 중이온 반응으로 초중핵종 합성이 어렵다면 차라리 더 무거운 핵과 핵을 반응시키면 어떻게 되는가. 예를 들면 우라늄을 가속시켜 우라늄에 충돌시켜 보는 것이다(그림 102).

$$^{238}U + ^{238}U \rightarrow ? + ?$$

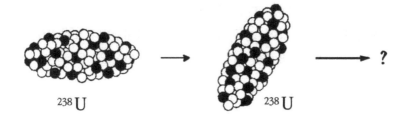

<그림 102> 우라늄-우라늄 반응

이것은 둘, 셋, 또는 넷으로 분열할 것이다. 둘로 분열되었을 때 비대칭으로 분열한다면, 예를 들어

$$^{238}_{92}U + ^{238}_{92}U \rightarrow ^{298}114 + ^{172}_{70}Yb + 6n$$

같이 분열한다면 초중핵종을 합성할 수도 있다. 이러한 기대를 갖고 '무거운' 중이온 가속기가 세계 중에서 몇 곳에서 계획되었고, 또는 건설 중에 있다. 우라늄—우라늄 핵반응을 일으키기 위해서는 1,000MeV 이상의 에너지가 필요하다. 1,000~2,000 MeV의 우라늄 이온 가속기를 만드는 것은 쉽지 않다.

이러한 '무거운' 중이온 가속기의 완성을 기다릴 수는 없다고 보고 고에너지의 양성자 가속기를 이용한 다음과 같은 실험을 시도하였다. 고에너지를 가진 양성자(약 3만 MeV)가 무거운 핵에 충돌하면 핵반응이 일어난다. 양성자가 이렇게 고에너지가 되면 상대성 원리에 의해 양성자의 겉보기 질량이 크기 때문에 충돌된 핵도 큰 에너지를 얻어 운동하기 시작한다(이것을 되튕김이라고 한다). 이 큰 되튕김을 받은 핵이 그 주위에 있는 같은 핵종에 충돌하면 핵반응이 일어날 만한 충분한 에너지를

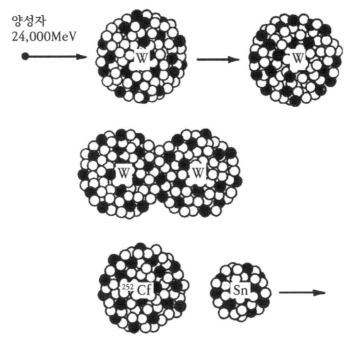

<그림 103> 텅스텐—텅스텐 반응

가질 것이 틀림없다.

　이런 생각으로 영국의 연구자들이 스위스에 있는 고에너지 가속기를 사용하여 텅스텐을 24,000MeV가 되는 고에너지를 가진 양성자로 조사하였다. 그 결과 텅스텐—텅스텐 핵반응이 관측되어 처음으로 112번의 초중핵종이 만들어졌다고 보고하였다. 이것은 그 무렵 초중원소를 발견하기 위해 중이온 가속기 건설에 전력을 쏟던 과학자들에게 큰 충격을 주었다. 그러나 다른 연구자의 추후 시도에 의하면 초우라늄은 생성되었으나 초중핵종은 합성되지 않았다고 하였다. 영국의 연구자들도 실험을 되풀이한 결과 상당한 부분이 ^{252}Cf였다고 인정했다(그림 103).

그러나 이 실험 아이디어는 뛰어났으므로, 그 후 우라늄을 고에너지 양성자로 조사하는 실험이 몇 군데서 실시되었다. 우라늄인 경우는 핵분열도 일어나고 그 결과 생긴 핵종이 높은 에너지를 얻어 다시 우라늄 핵과 반응을 일으킨다. 핵분열 생성 핵종은 처음에는 중성자가 많은 상태에 있으므로, 높은 에너지의 핵분열편에 의해 핵분열이 일어날 것도 기대된다. 이 실험에서도 초우라늄은 합성되었지만 초중핵이 합성되는 데까지는 이르지 못했다.

이 실험으로 보아 초중핵종을 합성한다는 것은 쉽지 않은 것 같다.

11.9 초중원소는 환상인가?

이 장에서 얘기해 온 것 같이 초중핵종을 발견하기 위해 많은 노력을 기울였음에도 불구하고 아직 초중핵종을 발견하지 못했다. 지금도 무거운 중이온 가속기를 건설하고 있는 등 많은 노력을 하고 있다.

초중원소 또는 초중핵종은 정말 존재하는가. 다소 불안하긴 하지만, 현재까지 실시된 실험으로 보아 존재하지 않는다고 결론을 내리는 것은 속단일 것이다. 그러나 지금까지의 추측이 옳았는가 어떤가, 한번 반성해 볼 필요는 있다. 초중핵종 가운데서 대단히 반감기가 긴 것이 있어 그것이 천지 창조 때 만들어져 지금도 남았을 것이라는 생각은 가능성이 희박해진 것이 아닌가.

반감기가 짧기 때문인가, 중성자 흡수에 의해 만들 수 없기 때문인가는 분명하지 않지만 두 가지 가능성 모두 고려해 볼 필요가 있을 것이다. 그렇다고 하면 초중원소는 실험실에서 만들어야 할지 모른다. 단번에 초중원소를 만들려 하지 말고 원자 순서대로 106, 107, 108번을 순차적으로 진행시키는 편이 시간이 걸려도 원칙일지 모른다.

지금도 세계 도처에서 초중원소를 탐구하려는 노력이 계속되고 있다. 서둘지 말고 발견될 때를 기다려 보자. 이것이 마지막 원소가 아님을 기대하면서.

제12장
새로운 핵종을 찾아서

12.1 핵종의 한계

지금까지 원소를 탐구하는 얘기를 해 왔는데, 이 장에서는 눈을 돌려 핵종 탐구에 대한 얘기를 해 보겠다.

주기율표는 원자번호에 의해 원소를 분류하였으므로 1차원적이었는 데 비해, 핵종을 분류하는 데는 양성자수(원자번호)와 중성자수로 하는 2차원적인 분류가 필요하다. 가로축에 중성자수를, 세로축에 원자번호를 잡고 핵종 분포를 나타낸 것이 핵종도이다. 핵종도에서는 원자번호가 같은 동위원소는 가로로 일렬로 배열된다.

핵종도에는 핵종이 빽빽하게 배열되는 것이 아니고, 왼편 아래로부터 오른편 위에 걸쳐 비스듬히 핵종이 존재하는 곳이 있다. 안정핵종은 앞 장에서 얘기한 것처럼 이 중앙부에 활모양으로 존재한다(11장-3 참조).

오른편 위에 있는 한계는 앞에서 얘기한 것처럼 아직 밝혀지지 않았는데, 초중원소가 있는 맨 앞의 질량수 300을 넘는 근방에 한계가 있을 것 같다. 오른편 아래쪽은 중성자가 많은 핵종이며, 왼편 위쪽은 중성자가 적고 양성자가 많은 핵종이다. 원자핵을 구성하는 중성자수와 양성자수 간에는 어떤 균형이 있으므로 너무 중성자가 많은 것도, 양성자가 많은 것도 원자핵을 구성할 수 없다. 따라서 활 모양으로 분포된 안정핵종(S)에서 떨어져 그 양쪽에 핵종이 존재하는 한계가 있다고 생각된다. 이 중성자가 많은 편의 한계곡선을 N, 중성자가 적은 편의 한계곡선을 P라고 하자. 이 두 곡선 사이에 있는 핵종이 반감기가 짧아도 핵종으로서 존재할 수 있는 것이다.

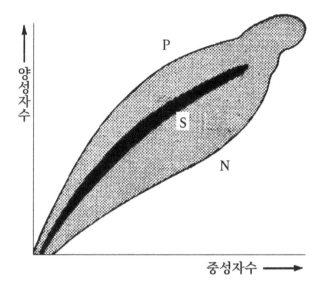

〈그림 104〉 핵종도

12.2 핵종 수는 4,000에서 5,000

1930년대 중반까지는 원소가 92종이라고 믿었다. 초우라늄 발견에 의해 원소 수가 늘어나, 앞으로 어디까지 늘어날지 모르겠지만 원소가 150종이나 200종이 있을 것 같지 않다. 한편 각 원소의 동위원소 수는 원소에 따라 다르지만 방사성 동위원소를 포함하여 수십 개까지이다. 극히 짧은 시간 동안 존재할 수 있는 핵종 수에도 한계가 있다.

한정된 핵종 수는 전부 몇 개일까. 이 수를 추정하기 위해서는 앞에서 얘기한 핵종의 한계가 어디에 있는가를 추정해야 한다. 현재 알려진 핵종의 성질을 바탕으로 하여 경험법칙과 이론적 고찰로부터 그 범위를 구할 수 있다. 이것이 핵종도에 보인 곡선 N과 P이다.

이 한계를 구하는 간단한 방법을 하나 소개하겠다. 원자에서 1개의 중성자를 꺼내어 중성자가 1개 적은 동위원소를 만들었다고 하자. 그러기 위해서는 에너지가 필요하다. 이 에너지는 원자질량으로 구할 수 있다. 이것은 원자 내(원자핵 내)에서의 1개의 중성자 결합 에너지와 같다. 앞의 원자질량에서 얘기한 아인슈타인의 식을 다시 생각해 보자(제7장-2의 $E=mc^2$ 참조). 중성자 1개를 꺼내는 데 필요한 에너지는

$$E = (M_{A-1,Z} + M_n - M_{A,Z})c^2$$

로 나타낼 수 있다. $M_{A,Z}$는 질량수(A), 원자번호(Z)의 원자질량을 뜻하고 M_n은 중성자의 질량을 나타낸다. 이 에너지 값을 세로축에, 중성자수를 가로축에 잡고 같은 원자번호의 동위원소를 선으로 연결하면 중성자수 증가와 더불어 이 값은 일정하게 감소한다. 주석 그 밖의 경우를 〈그림 105〉에 보였다. 이것은 거의 직선에 가깝기 때문에 연장해가면 가로축과 교차된다. 이보다 앞은 이 에너지가 마이너스가 됨을 보여준다. 이 에너지가 마이너스가 되는 곳에서는 중성자를 덧붙일 수 없다는 것을 의미한다. 바꿔 말하면 E=0인 곳이 한계(N)를 나타낸다.

마찬가지로 양성자에 대해서도 한계를 추정할 수 있다. 이 한계점은 복잡한 원자핵 이론의 계산으로도 추정되었다.

추정 방식에 따라 어느 정도 한계곡선이 달라지지만 큰 차이는 없다. 이 범위 안에 있는 핵종 수는 4,000에서 5,000이다. 이것이 존재할 수 있는 핵종의 총수이다. 안정핵종의 수는 약 300이며, 현재 우리가 알고 있는 핵종 수는 안정핵종과 방사성 핵종을 합쳐 약 1,600종이다. 따라서 현재 알려진 핵종의 약 2배가 되는 발견되지 않은 핵종이 있다는 것이다.

이 새 핵종 탐구는 초우라늄 원소 탐구와 더불어 어렵지만 흥미 있는 연구이다. 이 새로운 핵종에 무엇을 기대할 수 있는가?

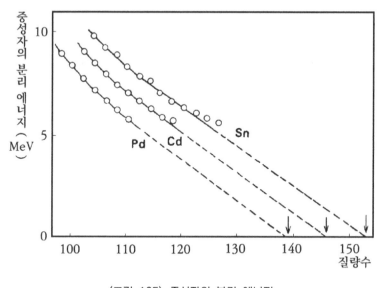

〈그림 105〉 중성자의 분리 에너지

12.3 안정핵종에서 떨어진 핵종의 성질

천연으로 존재하는 안정핵종 주위에는 반감기가 긴 방사성
핵종이 있고, 안정핵종에서 떨어짐에 따라 반감기는 짧아지는
경향이 있다. 핵종의 반감기는 핵의 성질에 관계되므로 반감기
가 어떻게 변화하는가를 한마디로 말할 수는 없으나 대략적인
경향을 알 수 있다.

동위원소 가운데서 안정한 것은 중성자가 몇 개 많은가 적은
가에 따라 반감기가 몇 분부터 몇 초로 짧아져 버린다. 그러므
로 중성자가 적은 곡선(P) 근처에서는 베타붕괴의 반감기가 짧
아져 0.01초 정도가 되는 것까지 나타난다. 원자번호 50 이하
의 한계(P) 부근에서는 **양성자 붕괴**라고 불리는 새로운 붕괴 현
상이 기대된다. 이것은 알파붕괴를 닮았는데, 양성자가 방사되

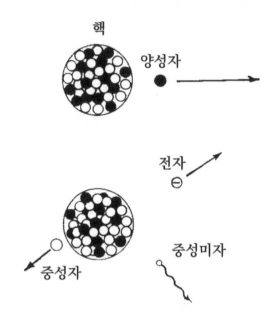

〈그림 106〉 양성자 붕괴와 중성자 방사

는 현상으로 그 반감기는 아주 짧아진다. 원자번호 50 이상에서는 한계(P)에 가까워지면 알파붕괴가 일어나서 반감기가 짧아져 드디어 핵종으로 존재할 수 없게 된다.

중성자가 많은 쪽에서는 한계(N)에 가까워도 반감기는 P 쪽만큼 짧아지지 않고 겨우 0.1초 전후라고 추정된다.

앞에서 얘기한 대로 중성자수와 양성자수 50, 82 등은 매직수라고 불려 특히 안정하다(11장-2 참조). 또 40은 준매직수라고 불리는 수이다. $^{80}_{40}Zr$, $^{100}_{50}Sn$, $^{132}_{50}Sn$ 등은 중성자수와 양성자수가 모두 매직수, 또는 모두 준매직수를 가진 핵이며, 원자핵 구조론으로 보아 이들 핵이 어떤 성질을 가졌는가는 특히 홍미의 대상이 되고 있다. 또 매직수에서 떨어진 곳에서 새로운 변형핵(제11장-2 참조)이 발견될 것도 기대된다.

　그 밖에 이들 핵종의 원자질량, 반감기, 붕괴에 따른 방사선 등이 어떻게 되는가와 같은 여러 가지 문제와 관련해 주목된다. 이 핵종을 안정핵종에서 떨어진 핵종이라 하는데 이것을 어떻게 만드는가. 초중핵종과 달라 또 다른 난문이 예상된다.

12.4 안정핵종에서 떨어진 핵종을 어떻게 만드는가?

　보통의 방사성 핵종은 사이클로트론 등 가속기나 원자로에서 나오는 중성자로 만들어진다. 핵분열을 이용하는 경우를 제외하고 이런 방법으로 만들어지는 핵종은 안정핵종 근방에만 한정된다.

　조사하는 입자의 에너지를 올려가면 핵반응에 의해 방출되는 입자 수가 증가한다. 양성자만을, 또는 중성자만을 방출한다면 안정핵종에서 떨어진 핵종도 만들어질 수 있는데 양성자 몇 개만을 방출시키는 반응을 일으킬 수는 없다. 원자번호 30번 이상에서는 중성자를 방출하는 일이 많고, 중성자 몇 개만 방출하는 반응이 일어난다. 따라서 중성자가 적은 핵종은 가속입자의 에너지를 올림으로써 만들어진다. 입자의 에너지를 60MeV 정도로 하면 중성자가 5, 6개 방출된다. 100MeV 정도에서는 8개에서 10개의 중성자가 방출된다. 이렇게 하여 200~300MeV로 가속하면 20개 정도의 중성자가 방출되어 한계(P) 근방까지 도달할 것 같지만 실제는 그렇게 되지 않는다.

　원자번호 30번 근방에서는 중성자가 5개 정도 방출하며, 원자번호 50번 근방에서는 10개 정도에서부터 갑자기 중성자가 방출되기 어렵게 되고, 양성자나 알파입자가 방출되어 중성자

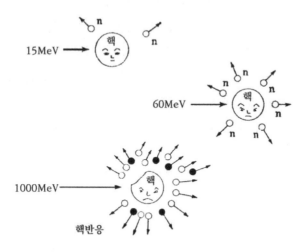

〈그림 107〉 입자 에너지와 핵반응

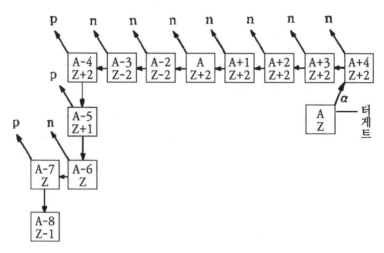

〈그림 108〉 100MeV를 넘는 알파입자에 의한 핵반응

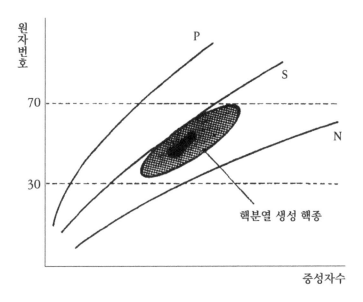

〈그림 109〉 핵분열에 의한 생성 핵종

가 적은 핵종은 쉽게 만들어지지 않는다. 가령 1,000MeV의 양성자로도 한계에 접근할 수 없다(그림 107 및 108). 현재는 안정핵종과 한계곡선(P)의 중간 정도까지의 핵종을 만들 수 있으나 그보다 앞의 핵종을 생성시키는 것은 어렵다(그림 109).

중성자가 많은 쪽 핵종은 어떤가. 원자번호가 35번에서 70번 사이의 중성자가 많은 핵종은 우라늄 등의 핵분열에 의해 만들어진다. 핵분열로는 안정핵종에서 중성자가 10개 정도 많은 핵종까지 만들어지는데 그 이상은 생성량이 극히 적다. 다중 중성자 흡수(10장-7 후반부 참조)로 만들려 해도 도중에 있는 방사성 핵종의 반감기가 짧기 때문에 수소 폭탄같이 중성자 밀도가 아주 높지 않으면 불가능하다. 수소 폭탄의 지하실험에 의해서 만들어졌다 해도 반감기가 1분 이하짜리를 측정한다는 것은 현재로서는 사실상 불가능할 것이다.

장차 생각할 수 있는 방법은 무거운 중이온에 의한 핵분열이다. 이 방법에 의하면 원자번호가 보다 넓은 범위에 걸친 핵종을 만드는 것도 가능할 것이며, 얼마쯤 중성자수가 많은 것도 만들어질 것이 기대된다. 그러나 한계(N)에는 접근할 수 없을 것이다.

이렇게 현재의 기술로는 어느 쪽 한계에도 접근하기 어렵다. 무거운 중이온 반응, 고에너지의 중이온 반응, 또는 장차 완성될 증식로, 핵융합로 등에 기대를 걸면서 계속해서 모색하고 있다.

12.5 핵종 결정과 신속 화학 분리법

안정핵종에서 떨어진 한계에 가까운 핵종을 만드는 것이 현재로는 어렵다고 해도 그 중간 부근까지는 핵반응과 분열로 충분히 만들 수 있다. 이 범위 안에 1,000종 가까운 새로운 핵종이 포함되어 있고, 먼저 이 핵종을 발견하려는 노력이 계속되고 있다. 이 새로운 핵종의 대부분은 반감기가 10분 이하밖에 안 되는 짧은 것들이다.

반감기가 짧은 것을 만들었다 해도 어떻게 그 핵종을 인정할 수 있을까. 적어도 핵종의 원자번호, 질량수, 반감기를 모르면 핵종을 발견했다고 할 수 없다.

원자번호를 결정하는 가장 보편적 방법은 화학적 성질로부터 정하는 방법이다. 이것과 핵반응에 의해 생성되는 핵종을 고찰하면 원자번호를 결정할 수 있다. 그러나 화학 조작은 비교적

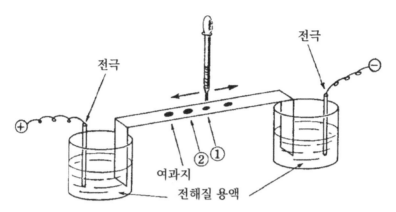

길쭉한 여과지에 전해질 용액을 스며들게 하고, 여과지 양 끝을
용액에 담그고, 1,000~10,000V의 전압을 건다. 여과지상의 ①에
시료의 용액을 떨구면 전압과 시간에 비례하여 시료가 여과지 를
영동한다. 이 비례상수가 원소와 관계가 있으므로 수 초에서 수 분
후에는 시료가 원소에 따라 ②처럼 분리된다.

〈그림 110〉 신속 화학 분리법의 일례

시간이 걸리므로 반감기가 짧은 것을 취급하는 것이 어렵다.
그러나 보통의 화학 조작으로도 충분한 준비와 단시간으로 끝
나는 조작을 선정하면 수 분 안에 화학 분리하는 것도 불가능하
지 않다.

   예를 들면 희토류 등은 화학적 성질이 비슷하지만 초우라늄
에서 얘기한 이온 교환법(10장-6 후반부 참조)에 의하여 짧은
시간 안에 화학 분리하여 원자번호를 결정할 수 있다. 또 최근
발달한 전기영동법도 신속한 화학 분리에 적합한 방법이다. 최
근 '신속 화학 분리'라고 불리는 것은 1, 2분으로 모든 화학
분리를 한다(그림 110).

이리하여 화학 분리에 의해 원자번호를 결정할 수 있어도 질량수는 다른 방법으로 결정해야 한다. 새로운 핵종 붕괴를 알고 있을 때는 붕괴에 의해 생긴 핵종이 이미 알려진 어느 핵종인가를 알고 있으면 원래의 새로운 핵종의 질량수(A)와 원자번호(Z)를 결정할 수 있다. 예를 들면 새로운 핵종이 음전자를 방사하여 베타붕괴한다고 하자.

$$^{A}Z \rightarrow {}^{A}(Z+1) + e^{-} + \gamma$$

라는 붕괴 관계로부터 $^{A}Z+1$ 핵종의 반감기와 방사선의 종류나 에너지로부터 이미 아는 핵종의 어느 것인지가 결정되면 원래의 새로운 핵종의 질량수도 결정되는 것이다.

또 어떤 핵반응으로 만들어졌는가를 알면 생성 핵종의 원자번호나 질량수도 밝혀진다. 예를 들면 원자번호가 50번 정도의 안정핵종을 알파입자로 조사하면 중성자 방사가 주이므로 그 안정핵종보다 원자번호가 둘 위인 핵종이 만들어진다. 알파입자의 에너지를 200MeV 정도에서 500MeV 정도까지 올려 가면 차례로 중성자가 적은 동위원소가 만들어진다. 이렇게 하여 원자번호와 질량수도 추정된다.

그러나 에너지를 보다 크게 하여 반감기가 짧은 방사성 핵종을 만들려 했을 때는 이러한 추정 방법은 어렵게 된다. 그것은 에너지가 높아지면 핵반응이 복잡해져 많은 핵종이 동시에 만들어지고 생성 핵종의 반감기가 짧으며 더욱이 반감기에 큰 차이가 없는 것이 많아지기 때문이다. 이것을 돌파하기 위해 고안된 것이 다음에 등장하는 온라인 동위원소 분리기를 사용하는 방법이다.

12.6 단수명 핵종을 어떻게 결정하는가?

질량분석기에서 얘기한 원리(7장-4 참조)를 써서 이온원과 전자석에 의해 동위원소를 분리할 수 있다. 이것을 동위원소 분리기라고 한다. 질량 측정 때처럼 분해능을 좋게 할 필요는 없지만 양이 필요하므로 강한 이온 전류가 요구된다.

또 동위원소 분리기로 방사성 동위원소를 분리할 수도 있다. 최근에는 동위원소 분리기를 가속기와 원자로에 직결시켜 가속 빔과 중성자선상에 조사체를 놓고 그 바로 옆에 이온원을 설치하여 반감기가 짧은 방사성 동위원소를 연구하게 되었다. 이 장치를 온라인 동위원소 분리기라고 부른다(그림 111).

이 온라인 동위원소 분리기에 의해 복잡한 핵반응 또는 핵분열로 생긴 많은 종류의 생성 핵종 가운데서 한 핵종을 꺼내 연구할 수 있다. 특히 새로운 핵종인 경우는 동위원소 분리기에 의해 질량수가 밝혀지므로 어느 정도 원자번호를 추정하는 것도 가능하다. 이 장치가 가진 또 다른 특징은 반감기가 짧은 핵종을 취급할 수 있다는 점이다.

최근 몇 년간에 온라인 동위원소 분리기가 세계 곳곳에서 10군데 정도 만들어져 새로운 핵종을 탐구하게 되었다. 특히 이 장치를 사용하여 고에너지의 양성자선과 중이온 빔에 의하여 안정핵종에서 떨어진 중성자가 적은 핵종을 새로 발견하는 노력이 계속되고 있다. 최근에는 특별한 경우이긴 하지만, 반감기가 0.1초 이하의 것까지 온라인 동위원소 분리기로 발견되었다.

이러한 연구는 여러 가지 아이디어에 의해 개량된 장치에 의해 진보된다. 안정핵종에서 보다 떨어진 핵종으로, 보다 반감기가 짧은 핵종으로의 기술 진보, 개량과 더불어 연구가 진행되

236

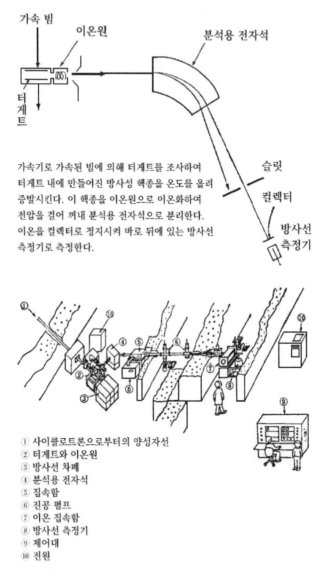

가속된 빔   이온원   분석용 전자석

가속기로 가속된 빔에 의해 터게트를 조사하여
터게트 내에 만들어진 방사성 핵종을 온도를 올려
증발시킨다. 이 핵종을 이온원으로 이온화하여
전압을 걸어 꺼내 분석용 전자석으로 분리한다.
이온을 컬렉터로 정지시켜 바로 뒤에 있는 방사선
측정기로 측정한다.

슬릿
컬렉터
방사선
측정기

① 사이클로트론으로부터의 양성자선
② 터게트와 이온원
③ 방사선 차폐
④ 분석용 전자석
⑤ 집속함
⑥ 진공 펌프
⑦ 이온 집속함
⑧ 방사선 측정기
⑨ 제어대
⑩ 전원

〈그림 111〉 온라인 동위원소 분리기와 그 원리

어 1년간 평균 30종의 새로운 핵종이 지금도 발견되고 있다. 최초의 인공 방사성 핵종이 발견되고 나서 이미 40년 남짓, 그 사이에 1,300 남짓한 방사성 핵종이 발견되었다. 이런 속도로 나가도 모든 핵종이 발견되려면 100년의 세월이 필요하다. 92 개의 원소를 발견하려면 100년의 세월이 필요하다. 92개의 원소를 발견하는 데는, 중세는 따로 치고 화학이 학문 체계를 갖추기 시작한 18세기 중순부터 200년 가까운 세월을 요하였다. 이를 생각하면 앞으로 100년이라는 세월은 당연할지 모른다.

제13장
에키조틱 아톰

13.1 하루살이 원자

원자는 중성자, 양성자, 전자로 구성되었고, 이 원자가 우리를 둘러싸는 물질을 구성한다는 것은 지금까지 얘기해 온 것과 같다. 그런데 이런 입자와 다른 소립자로 구성된 특이한 원자가 이 세상에 존재한다. 이 특이한 원자는 우리 주변의 물질을 구성하는 것이 아니고, 우리 감각으로 보면 순간적으로 소멸되는 허망한 '하루살이 원자'이다.

어떤 것은 100만 분의 1초 정도로 소멸하며, 어떤 것은 10억 분의 1초밖에 존재하지 않는 원자이다. 이 원자들은 중성자와 양성자로 구성되는 보통 원자핵과 중간자로 구성된 것, 양전자와 음전자로 구성된 것, 반양성자와 양전자로 구성된 것 등이다. 이 특이한 원자를 **에키조틱 아톰**이라 부른다. 그중에서 대표적인 것을 소개하겠다.

13.2 질량수 0인 포지트로늄

원자 중에서 제일 작은 것은 수소 원자이며 원자번호 1, 질량수 1임은 말할 것도 없다. 원자번호 0인 원자가 있을까. 원자번호는 양성자수이며 중성 원자에는 그 수만큼 전자가 있다. 원자번호가 0이라는 것은 양성자도 전자도 없는 원자인 것이다. 이것을 원자로 보는 것은 다소 이상하겠지만 원자번호 0, 질량수 1인 것은 중성자이다(그림 112).

그럼 또 하나 수수께끼 같지만 원자번호가 1이고 질량수 0인 원자가 존재하는가. 질량수가 0이므로 양성자도 중성자도 포함될 수 없다. 원자번호를 양성자수가 아니고 양전하라고 생각해 보자. 양전하가 있고, 질량이 양성자나 중성자에 비해 훨

〈그림 112〉 중성자는 원자번호 0, 질량수 1의 원자인가?

씬 작은 것이 핵이 되어야 한다. 양전자가 핵이 되고 그 주위를 음전자가 회전하면 바로 원자번호 1, 질량수 0인 원자가 만들어진다.

그러나 양전자는 음전자와 만나면 곧 소멸되어 에너지가 같은 2개의 감마선이 된다. 양전자가 음전자 옆을 스쳐 지나가거나, 충돌하여 소멸된다면 원자가 만들어졌다고 할 수 없다. 고전역학적으로 말하면 양전자와 음전자가 서로 그 주위를 원운동이나 타원운동하여 몇 번인가 회전하지 않으면 원자가 만들어졌다고는 생각할 수 없다. 또 양자론적으로는 양전자와 음전자가 하나의 바닥상태를 일시적으로라도 만들어야 한다(그림 113).

그런데 벌써 20년 전에 도이치라는 물리학자에 의해 양전자

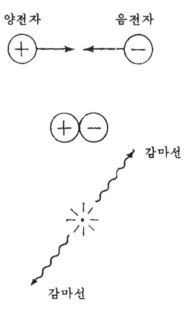

<그림 113> 양전자와 음전자는 만나자마자 소멸한다

와 음전자로 원자 궤도를 만들 수 있다는 것이 실증되었다. 그 것은 겨우 1,000만 분의 1초 정도의 대단히 짧은 시간이다. 우리 감각으로는 100만 분의 1초는 전혀 느낄 수 없는 순간이 지만, 현재의 기술로는 방사선에 대해 10억 분의 1초 정도까지 의 시간차를 측정할 수 있다. 양전자와 음전자가 충돌하였을 때 소멸되었는가, 100만 분의 1초가 지나서 소멸되었는가를 구별할 수 있다.

100만 분의 1초는 우리가 느낄 수 없는 순간이라도 원자에 는 충분히 긴 시간이다. 양전자와 음전자가 원자를 형성했을 때 1초간에 1,000㎞ 정도의 속도로 회전한다. 원자의 반지름은 작기 때문에 100만 분의 1초간에 10억 회 정도 회전하게 된

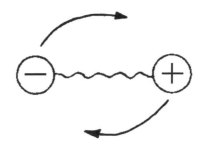

〈그림 114〉 포지트로늄

다. 이것은 지구가 태어나서 태양 주위를 돈 횟수에 가깝다. 겨우 100만 분의 1초라도 원자를 형성했다고 해서 이상한 일이 아닐 것이다.

양전자는 포지트론이라고 불리므로 이 양전자와 음전자로 만들어진 원자는 원소처럼 이름을 붙여 **포지트로늄**이라 부른다(그림 114).

13.3 100만 분의 2초의 수명을 가진 뮤오늄

또 다른 원자번호 1, 질량수 0을 가진 원자를 소개하겠다. 수소 원자의 양성자가 있는 곳에 양전하를 가진 뮤입자가 차지한 원자이다. 이 원자를 뮤오늄이라 한다(그림 115).

뮤입자란 뮤 중간자라고도 불리는 소립자로서 전에 일본의 유카와 박사가 이론적으로 그 존재를 예언하였고, 우주선에서 발견된 입자이다. 뮤입자는 질량이 전자의 207배로서 전하는 플러스인 것과 마이너스가 있다. 불안정하고 반감기 2.2×10^{-6} 초로 베타붕괴하며, 전자와 중성미자가 된다. 뮤입자는 질량이 전자와 양성자 사이에 있다는 의미로 중간자라 불렸는데, 전자에 비해 질량이 크다는 것과 자연으로 베타붕괴하는 점을 제외

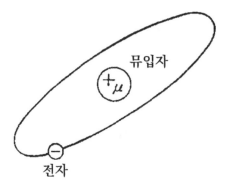

〈그림 115〉 뮤오늄. 양전하를 가진 뮤입자
주위를 전자가 회전한다

하면 전자와 성질이 아주 비슷하므로 최근에는 파이중간자, 케이중간자 등의 중간자와 구별하여 뮤입자라고 부르고, 전자 무리에 넣고 있다.

에너지가 낮아진 양전하를 가진 뮤입자는 물질 중의 전자를 하나 얻어 원자를 만든다. 뮤입자가 가진 질량은 양성자의 9분의 1이므로, 이 원자는 질량수가 0이라 해도 될 것이다. 플러스인 뮤입자는 양전자와 달라 음전자와 함께 붕괴하는 일은 없다. 그러나 뮤입자의 수명은 100만 분의 2초밖에 안 되므로 하루살이 원자임에 틀림없다.

이 원자는 수소에 비해 질량이 작지만 수소 원자와 비슷한 성질을 가질 것이다. 수소 원자는 수소 분자보다 화학적으로 활성이 강하고 화합하기 쉽다는 것이 잘 알려져 있다.

그리하여 뮤오늄은 물질 사이를 돌아다니면서 다른 원자가 수소 원자인 줄 알고 화합하는 순간 소멸될 것이다. 그러나 뮤입자를 많이 만들 수 있다면 어떤 화학적 연구에 이용할 수도

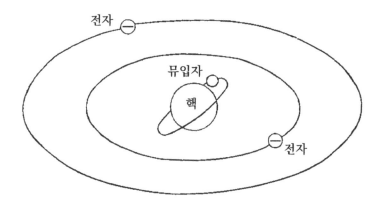

〈그림 116〉 뮤원자. 마이너스의 뮤입자가 원자핵에 포획되어 그
주위를 돈다

있을 것 같다. 장차 이러한 원자를 이용한 화학반응을 연구할
때가 올지 모르겠다고 상상해 보는 것도 흥미롭다.

13.4 전자를 대신하여 분자도 만드는 뮤입자

그럼 다음에 또 하나 괴상한 원자를 소개하겠다. 보통 원자
핵 주위를 전자가 도는 것이 원자인데, 거기에 전자보다 질량
이 큰 음전하를 가진 뮤입자가 날아들어와 양전하를 가진 원자
핵에 포획되면 어떻게 되는가. 그때 뮤입자는 전자처럼 원자핵
주위를 회전하기 시작하고, 뮤입자가 붕괴하기까지의 짧은 시
간이지만 특이한 원자가 형성된다. 이것을 뮤원자라고 부른다
(그림 116).

뮤입자는 질량이 전자의 207배이기 때문에 전자보다는 훨씬
원자핵에 가까운 곳을 회전한다. 궤도의 반지름은 질량에 반비
례하여 전자의 207분의 1이 된다. 그 때문에 뮤원자 궤도는

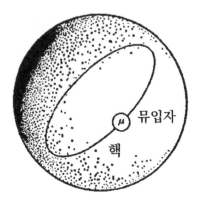

〈그림 117〉 핵 속을 회전하는 뮤입자

전자의 경우보다 훨씬 원자핵 크기나 형태의 영향을 받기 쉽게
된다.

뮤입자가 원자번호가 큰 금이나 납 원자 주위를 도는 경우를
생각해 보자. 제일 안쪽 전자 궤도는 원자번호에 반비례하여
작아진다. 뮤입자의 질량까지 고려하면 원자번호 80번 부근의
뮤원자의 궤도 반지름은 수소 원자의 궤도 반지름의 약 1만
6,000분의 1이 된다. 수소 원자는 약 10^{-8}㎝이므로 이 뮤원자
는 6×10^{-13}㎝가 된다. 이 근방의 원자핵 반지름은 7×10^{-13}㎝
정도이므로 뮤입자는 원자핵의 표면 근처나 조금 안쪽을 돌게
된다(그림 117).

뮤입자는 핵력(2장-3 후반부 참조)을 받지 않기 때문에 원자
핵 속을 자유롭게 관통할 수 있다. 그 때문에 원자핵에서 훨씬
멀리 도는 전자보다 뮤입자는 원자핵 가까이 회전한다. 뮤입자
도 전자처럼 원자의 바깥 궤도로부터 X선을 내고 아래 궤도에
떨어진다. 이 뮤원자의 X선을 측정함으로써 원자핵에 대해 알
수 있게 된다.

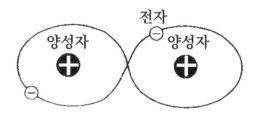

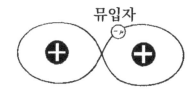

〈그림 118〉 수소 분자(위)와 뮤수소 분자(아래)

또 하나 흥미로운 점은 뮤입자로 분자가 만들어진다는 것이
다. 앞에서 얘기한 것 같이 수소 분자는 2개의 떨어진 양성자
주위를 전자가 8자형으로 도는 모형을 가진다. 수소 분자 이온
은 그 전자가 하나가 된 것이다. 이 전자를 뮤입자로 바꿔 놓
으면 뮤분자가 만들어진다. 뮤입자의 질량이 크므로, 뮤입자가
양성자에 접근하면 2개의 양성자가 보통 수소 분자보다 더 접
근하여 작은 분자가 만들어진다. 이러한 작은 분자의 화학적
성질은 어떤 것인가 흥미로운데, 이러한 분자를 많이 만드는
것도 수소가 아니면 어려울 것이다(그림 118).

13.5 파이중간자 원자

뮤입자보다 무거운 소립자에 파이중간자가 있다. 파이중간자

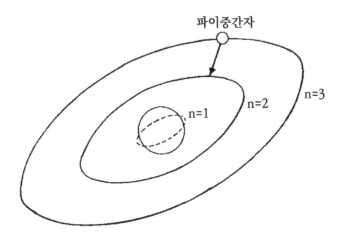

<그림 119> 파이중간자 원자. n=1의 궤도는 없다

의 질량은 전자의 273배이다. 파이중간자는 반감기가 거의 1억 분의 3초로 뮤입자와 중성미자로 붕괴된다. 파이중간자는 뮤입자와 달라 원자핵에 들어가면 핵반응을 일으킨다.

파이중간자에는 전하가 플러스인 것, 마이너스인 것, 또 중성인 것이 있다. 음전하를 가진 것은 뮤입자와 같이 원자핵 주위에 포획되어 원자를 형성한다. 파이중간자는 뮤입자보다 반감기는 짧지만 원자 궤도를 몇 번이나 도는 데 충분한 수명을 갖고 있다. 이것을 파이중간자 원자라고 부른다.

파이중간자는 뮤입자보다 무겁기 때문에 원자핵 주위를 더 가깝게 회전한다. 뮤입자와 달라 원자핵으로 들어가면 핵반응을 일으켜 소멸하므로, 원자번호가 큰 원자에서는 제일 안쪽 n=1에 해당하는 궤도는 생기지 않는다. 원자핵에 접근한 파이중간자는 뮤입자인 경우와 마찬가지로, 먼저 바깥쪽 궤도에 포획되어 X선을 방출하여 안쪽 궤도에 떨어진다. 원자번호가 큰 원자에서는 끝내 원자핵으로 떨어져 원자핵을 깨뜨리고 소멸된다(그림 119).

중간자에는 파이중간자보다 무거운 케이중간자가 있다. 케이중간자의 질량은 전자의 966배로 양성자의 반보다 무겁다. 이 케이중간자에도 플러스와 마이너스와 중성이 있고, 마이너스의 케이중간자는 파이중간자처럼 원자핵 주위에 포획되어 케이중간자 원자를 만든다. 케이중간자의 반감기는 파이중간자의 약 2분의 1로 1억 분의 1초이다. 파이중간자와 마찬가지로 원자핵과 핵반응을 일으키므로 안쪽 궤도는 생기지 않는다.

현재 이들 중간자 원자는 원자핵 연구에 이용되는 데 지나지 않고 아직도 화학적 성질을 말할 수 있는 데까지 이르지는 못했다.

포지트로늄을 제외하고, 여기까지 얘기해 온 에키조틱 아톰을 만들기 위해서는 중간자를 발생시키는 큰 고에너지 가속기가 필요하다. 파이중간자를 발생시키기 위해서는 수백 MeV의 양성자가속기가 필요하고, 파이중간자를 발생시키기 위해서는 수천 MeV짜리가 필요하다. 뮤입자는 파이중간자가 붕괴하여 만들어진다. 이러한 가속기라 할지라도 만들어지는 에키조틱 아톰수는 근소한 것이다.

이런 특이한 원자는 무엇에 이용될 수 있을까. 장차 의료와 물질의 성질을 연구하는 데 이용될지 모른다고 생각한다.

원소 이야기에서 에키조틱 아톰 이야기까지 나갔지만, 이 특이한 원자가 집단으로서의 원소로 인정되고 이용될 날이 올지 어떨지는 필자도 예측할 수 없다.

부록

원자번호	원소기호	원소 이름	발견연대
1	H	수소	1766
2	He	헬륨	1868
3	Li	리튬	1817
4	Be	베릴륨	1797
5	B	붕소	1808
6	C	탄소	기원전
7	N	질소	1772
8	O	산소	1771
9	F	플루오린	1886
10	Ne	네온	1898
11	Na	나트륨	1807
12	Mg	마그네슘	1808
13	Al	알루미늄	1827
14	Si	규소	1824
15	P	인	1669
16	S	황	기원전
17	Cl	염소	1774
18	Ar	아르곤	1894
19	K	칼륨	1807
20	Ca	칼슘	1808
21	Sc	스칸듐	1879
22	Ti	타이타늄	1791
23	V	바나듐	1830
24	Cr	크로뮴	1797
25	Mn	망가니즈	1774
26	Fe	철	기원전

원자번호	원소기호	원소 이름	발견연대
27	Co	코발트	1737
28	Ni	니켈	1751
29	Cu	구리	기원전
30	Zn	아연	17세기
31	Ga	갈륨	1875
32	Ge	저마늄	1886
33	As	비소	중세
34	Se	셀레늄	1818
35	Br	브로민	1825
36	Kr	크립톤	1898
37	Rb	루비듐	1861
38	Sr	스트론튬	1808
39	Y	이트륨	1794
40	Zr	지르코늄	1789
41	Nb	나이오븀	1801
42	Mo	몰리브데넘	1778
43	Tc	테크네튬	1937
44	Ru	루테늄	1844
45	Rh	로듐	1803
46	Pd	팔라듐	1803
47	Ag	은	기원전
48	Cd	카드뮴	1817
49	In	인듐	1863
50	Sn	주석	기원전
51	Sb	안티모니	중세
52	Te	텔루륨	1783
53	I	아이오딘	1811
54	Xe	제논	1898

원자번호	원소기호	원소 이름	발견연대
55	Cs	세슘	1860
56	Ba	바륨	1808
57	La	라탄	1839
58	Ce	세륨	1803
59	Pr	프라세오디뮴	1885
60	Nd	네오디뮴	1885
61	Pm	프로메튬	1947
62	Sm	사마륨	1879
63	Eu	유로퓸	1901
64	Gd	가돌리늄	1886
65	Tb	타븀	1843
66	Dy	디스프로슘	1886
67	Ho	홀뮴	1879
68	Er	어븀	1843
69	Tm	톨륨	1879
70	Yb	이터븀	1878
71	Lu	루테튬	1907
72	Hf	하프늄	1923
73	Ta	탄탈럼	1802
74	W	텅스텐	1783
75	Re	레늄	1925
76	Os	오스뮴	1804
77	Ir	이리듐	1804
78	Pt	백금	16세기
79	Au	금	기원전
80	Hg	수은	기원전
81	Tl	탈륨	1861
82	Pb	납	기원전

원자번호	원소기호	원소 이름	발견연대
83	Bi	비스무트	1898
84	Po	폴로늄	1940
85	At	아스타틴	1900
86	Rn	라돈	1939
87	Fr	프랑슘	1897
88	Ra	라듐	1899
89	Ac	악티늄	1828
90	Th	토륨	1917
91	Pa	프로트악티늄	1789
92	U	우라늄	1940
93	Np	넵투늄	1940
94	Pu	플로토늄	1944
95	Am	아메리슘	1944
96	Cm	퀴륨	1949
97	Bk	버클륨	1950
98	Cf	칼리포늄	1952
99	Es	아인시타이늄	1953
100	Fm	페르뮴	1955
101	Md	멘델레븀	1958
102	No	노벨륨	1961
103	Lr	로렌슘	1964
104			1967
105			1974
106			

원소란 무엇인가

핵화학이 열어주는 세계

초판 1쇄 1979년 01월 10일
개정 1쇄 2018년 08월 27일

지은이 요시자와 야스까즈
옮긴이 박택규
펴낸이 손영일
펴낸곳 전파과학사
주소 서울시 서대문구 증가로 18, 204호
등록 1956. 7. 23. 등록 제10-89호
전화 (02)333-8877(8855)
FAX (02)334-8092
홈페이지 www.s-wave.co.kr
E-mail chonpa2@hanmail.net
공식블로그 http://blog.naver.com/siencia
ISBN 978-89-7044-831-2 (03430)

파본은 구입처에서 교환해 드립니다.
정가는 커버에 표시되어 있습니다.

도서목록

현대과학신서

도서목록
BLUE BACKS